All That Herb

All That Herb

올
댓
허
브

아름답고 지혜롭게,
허브와 내가 자라는 시간

박선영 글·그림

궁리
KungRee

달콤한 사과향을 내며 자라나는 캐모마일의 싹이 하나둘씩 움트면 봄이 왔음을 직감한다.
살랑대는 바람에 잎을 비비며 상쾌한 박하향을 내는 스피어민트가 연분홍 꽃을 피우면,
무더운 여름이 왔음을 실감한다.
주홍빛 가을석양을 닮은 매리골드가 떨어지는 낙엽과 함께 노을빛으로 농장을 물들이면,
어느덧 추운 겨울이 오고 농장은 장작 뗄 준비를 하며 월동 준비를 시작한다.
내가 있는 농장의 사계절은 그렇게 허브가 피고 지며 바뀌어간다.

자연의 흐름과 함께 다채로운 빛깔로 자신을 드러내며 삶을 이어가는 허브 식물들을 보자면
그 빛깔만으로도 나 자신이 치유되는 느낌이 들곤 한다. 막연히 좋아만 했던 허브를 하나하나
제대로 알아가며 사랑에 빠진 지 어느덧 7년이 되어간다. 허브를 키우면 키울수록 허브가 정
말 매력적인 식물이라는 것을 새삼 깨닫는다. 사실 농장에서 허브를 직접 키워보기 전까지 내
가 알던 허브는 단지 향기가 아름다운 식물이었다. 하지만 두 손으로 직접 씨를 뿌리고 물을
주고 흙을 고르며 허브를 키우다 보니 허브는 향기뿐 아니라 그 자태도 맛도 아름답고 황홀한
식물이었다. 또한 허브 식물들은 인류와 그 역사를 함께해왔다고 해도 과언이 아니다. 그 하
나하나가 사회문화적, 역사적, 종교적, 문학적으로 무궁무진한 이야기들을 품고 있다.

그렇다면 허브란 무엇일까? 허브(Herb)는 푸른 풀을 뜻하는 라틴어 '헤르바(Herba)'에서 유
래된 것으로 잎과 줄기를 향신료, 향미, 치료제 등으로 식용이나 약용하는 식물을 말한다. 서
양에서는 수천 년 전부터 허브를 '약용 식물(medicinal plant)'이라 칭하며 민간요법으로 질병
을 치료하는 데 사용했다. 동양의 '약초'도 여기에 속한다. 약이 귀했던 고대에는 허브가 인류
의 모든 것을 담당했으며, 오랜 연구를 거듭해오며 허브의 이용 부위는 잎, 줄기에서 꽃, 열매,
씨, 뿌리 등으로 넓어졌다. 허브는 효능과 종류가 다양하고 그 이용 부위마다 재배하는 방법도
달라서 목적을 가지고 잘 재배하면 좋은 약용 작물이 되지만 자칫하면 잡초가 될 수도 있다.

그동안 허브를 통해 폭넓게 교류하고 인연을 맺어오면서 많은 분들이 허브 식물을 키우는 데 어려움을 겪고 있음을 알게 되었다. 어떻게 하면 허브를 잘 관리하여 키울 수 있는지, 각 허브들의 특징은 무엇인지, 허브를 어떻게 먹고, 또 이용해야 하는지 등등 많은 질문들을 받아왔다. 물론 나 스스로도 그러한 질문들을 생각하고 답을 찾아온 시간이었다. 이 책『올 댓 허브』는 바로 그 노력의 작은 결실이다. 여기에는 농장을 함께 가꾸어온 가족들의 큰 도움이 있었다.

우리나라 자생 허브부터 서양 허브까지, 허브 시장에서 인기가 많은 허브부터 평소 우리가 허브인지도 잘 모르고 있는 허브까지, 뿌리를 먹는 허브부터 씨앗을 먹는 허브까지, 독이 있는 허브부터 독이 없는 허브까지, 몸을 치유하는 허브부터 마음을 치유하는 허브까지. 우리의 일상 속 알게 모르게 다채로운 빛깔로 존재하는 99가지 허브 이야기를 담았다. "올 댓 허브"라는 이 책의 제목처럼 허브 식물과 친해지는 데 꼭 필요한 것들을 두루 알아갈 수 있도록 집필했고, 허브 각각의 고유한 매력에 주안점을 두면서도 산과 들, 길가에 피어 있는 허브의 친근하고 자연스러운 모습 그대로를 그림으로 살리고자 했다. 책장을 넘기다 보면 허브의 역사부터 문학, 미술, 식물, 치유까지 허브의 모든 면면을 찬찬히 들여다볼 수 있을 것이다.

이 책을 통해 저마다의 고유한 특징과 매력을 지닌 허브 식물과 한 걸음 더 가까워질 수 있기를, 나아가 우리의 삶도, 한 송이의 향기로운 허브처럼, 더한층 지혜롭고 아름다워지길 바란다.

2018년 5월
박선영

차례

작가의 말 · 5

| 일러두기 |

허브 식물에 함유된 여러 가지 유효 성분들은 인체에 긍정적으로 작용하
긴 하지만, 허브는 어디까지나 건강이 좋아지게 도움을 주는 보조제라는
점을 명심해야 한다. 다시 말해, 허브는 질병을 치료하는 직접적인 치료제
가 아니다. 또한 사람에 따라 효과가 다르게 나타날 수 있다. 따라서 의사
가 처방한 약품 대신 허브에 전적으로 의존하는 것은 바람직하지 않다. 때
문에 허브를 치료 목적으로 사용할 때에는 반드시 전문가와의 상담을 거
쳐 복용하길 바란다.

All That Herb

허브는 우리의 치유를 위해 신이 주신 축복이다.

―에드워드 바흐

Coriandrum sativum
Backhousia citriodora
Gossypium indicum
Stevia rebaudiana
Euphrasia rostkoviana
Mentha suaveolens
Nasturtium officinale
Jasminum officinale
Matricaria recutita
Tanacetum parthenium

씨앗

고수

Coriander

내가 사랑하는 빈대 허브

누구나 좋아하는 허브가 있다. 고수는 나에게 그런 허브다. 독특한 향기에 호불호가 갈리기도 하지만 진한 고수의 향은 오래도록 기억에 남는다. 고수만이 가지고 있는 야릇한 맛도 빼놓을 수 없다. 쌀국수 집에 가면 꼭 한 번 더 시켜 먹곤 하는데, 음식에 곁들여 먹기 위해 일부러 농장에서도 키우고 있다. 고수의 향은 맡을 때보다 먹었을 때가 더 강하다. 속명 '코리안드룸(Coriandrum)'은 라틴어로 '빈대'를 뜻한다. 이는 고수에서 나는 특이한 향이 빈대 향과 비슷하다고 생각했기에 붙여진 이름이라고 한다. 정말 빈대향이 이럴까? 어릴 적 어머니가 가시 빗으로 머리에 붙어사는 이를 잡아주던 기억이 난다. 하지만 잡은 이의 냄새를 맡아본 적은 없었다. 고수에 대한 가장 오래된 기록은 이스라엘에 위치한 나할헤마르 동굴과 고대 이집트 투탕카멘 무덤에서 발견되었다. 신대륙 개척이 시작되던 16세기쯤 전 세계로 퍼지기 시작한 고수는 이때부터 강한 향신료를 많이 사용하는 나라들에서 없어서는 안 될 필수 허브로 자리 잡았다. 국내에서 재배가 시작된 시기는 고려 시대로 추정된다. 황해도와 평안도 지역에서는 고수로 김치를 담가 먹었는데 그 전통 방식이 아직까지 이어져오고 있다. 고수는 화분에서도 잘 자라고 키우기도 쉽다. 봄, 가을에 씨를 뿌리고 물만 제때 잘 주면 약 3주 뒤에 떡잎이 나온다. 떡잎이 나오고 2~4주 정도 지나면 크기가 20센티미터 정도로 자란다. 이 어린잎의 밑단을 가위로 싹둑 잘라 샤브샤브, 탕, 수프, 볶음 요리, 카레 같은 음식에 곁들이면 요리의 풍미가 가득해진다. 특히 추천하는 요리법은 고수를 잘게 썰어 샐러드나 비빔밥에 넣어먹는 것이다. 6~7월이 되면 희고 작은 꽃들이 우산 모양으로 산형꽃차례로 모여 핀다. 꽃이 지면 열리는 갈색의 둥근 씨앗은 건조하여 분말로 만들어 카레나 쌀국수 등의 향신료로 사용할 수 있다. 고수는 방부, 살충, 살균 작용이 있어 요리에 넣어 먹으면 음식의 부패를 방지해주고 소화 촉진 등을 돕는다. 항바이러스 효과가 있어 감기, 염증 등으로부터 우리의 몸을 보호해준다. 단 씨앗을 한꺼번에 다량 먹게 되면 건망증 같은 마취 증세가 나타날 수 있으니 주의하자.

· 미나리과 한해살이 식물로 서남아시아, 남유럽, 북아메리카에서 자생
· 식물학명: *Coriandrum sativum*
· 키: 20~60센티미터
· 꽃 피는 시기: 6~7월
· 특징: 펜넬과 교잡하기 쉬워 종자 생산이 감소할 수 있으니 함께 심기를 피한다.
  씨앗에 진드기 퇴치 효능이 있다.

레몬머틀

Lemon Myrtle

향기로운 나의 사랑이여

하얀색 깃털을 닮은 꽃, 길쭉한 잎. 레몬머틀의 모든 부분은 향기롭고 매력적이다. 르네상스 시대의 화가 산드로 보티첼리(Sandro Botticelli, 1445~1510)는 〈비너스의 탄생(The Birth of Venus)〉에서 머틀나무가 심긴 바닷가에서 탄생한 비너스의 모습을 그렸다. 그리스 신화에 따르면 비너스 여신이 그 향기를 사랑하여 매일 레몬머틀을 욕조에 넣고 목욕했다고 한다. 향기도 매력적인데 생긴 모양도 아름다우니 사랑에 빠지지 않을 수 없다. 속명 '백하우시아(Backhousia)'는 영국의 식물학자 제임스 백하우스(James Backhouse)의 이름에서 따왔다. '레몬머틀(Lemon Myrtle)'이라는 이름은 요리사들 사이에서 '레몬허브의 여왕'이라 불리던 것에서 유래되었다. 영국 빅토리아 여왕의 별장 정원에는 레몬머틀이 많이 심겨 있었다. 여왕은 바람을 타고 은은하게 전해지는 달달하고 향긋한 이 레몬향을 좋아했다. 이즈음부터 유럽에서는 레몬머틀이 결혼식의 상징이 되었다. 레몬머틀의 가지를 꼬아 잎과 꽃을 수놓은 화환을 머리에 쓰면 아름답고 향기로운 신부의 모습이 완성된다. 요리 향신료로도 많이 사용되고 있는 레몬머틀은 레몬향이 가득한 이파리 하나만으로도 식탁의 향미를 풍성하게 한다. 레몬머틀의 말린 잎은 월계수처럼 사용되는데 육류와 생선 요리에 넣으면 향긋한 레몬향이 육즙에 배어 잡냄새를 없애준다. 파스타나 디저트에 넣어도 좋고 올리브오일이나 양념에 넣으면 음식의 풍미를 더할 수 있다. 레몬 향기의 주성분인 시트랄(citral)은 항산화와 우리 몸의 독소를 해독해주는 기능이 탁월하다. 항바이러스 효능도 뛰어나 면역력 강화, 호흡계통 감기, 아토피성 피부염 등에 효과적이고, 콜라겐과 비타민이 많이 함유되어 있어 피부 미용에도 좋다. 또한 카페인이 전혀 없어 녹차나 커피 대신 마실 수 있다. 레몬머틀을 꾸준히 먹으면 콜레스테롤이 감소되고 혈중 간수치가 낮아진다는 연구 결과가 있다. 레몬머틀은 호주 퀸즈랜드주 브리즈번에서 멕케이까지 분포하여 자생하는데, 이곳에서 수확한 레몬머틀의 말린 잎은 최상급으로 취급되어 1킬로그램당 20만 원을 웃돈다고 한다.

· 도금양과 상록수 목본으로 호주에서 자생
· 식물학명: *Backhousia citriodora*
· 키: 20미터
· 꽃 피는 시기: 6~7월
· 특징: 열대, 아열대에 자생하는 목본으로 성숙한 나무는 어느 정도 추위를 견디지만
　　　어린 나무는 추위를 견디지 못한다. 겨울철에는 실내에서 키우자.

목화

Cotton Plant

신이 주신 하얀 솜꽃

가지마다 예쁜 솜뭉치가 소복소복 달려 있다! 과연 이 솜의 정체는 무엇일까? 지금은 여러 드라마나 미디어에서 그 모습을 흔히 볼 수 있지만 목화가 겨울 절화로 유행되기 전 농장에서 목화를 처음 보았을 때 그 하얀 솜들을 꽃으로 착각했던 적이 있다. 우리가 흔히 알고 있는 목화의 역사는 고려 말 공민왕 때(1366년)부터 시작된다. 문익점이 원나라에 사신으로 갔다가 귀국하는 길에 붓대 속에 목화 씨앗을 숨겨 들여온 것이다. 사실 목화의 원산지는 중국이 아니라 인도다. 중국에는 기원전 600년경 불교 전파와 함께 전해진 것으로 추정되고 있다. 서늘한 가을이 오면 흰색, 분홍색, 노란색의 진짜 목화 꽃이 총상꽃차례로 피기 시작한다. 꽃이 지면 그 자리에 신기한 모양의 녹색 열매가 달리는데 목화가 가지고 있는 하얀 솜꽃의 매력은 바로 이 열매 안에 있다. 열매가 잘 익어 갈색으로 여물면 겉껍질을 활짝 터트리고 그 안에 감추고 있던 새하얀 솜뭉치를 기다렸다는 듯이 뽐내기 시작한다. 목화솜은 꽃이 아니다. 바로 열매 안에 들어 있는 많은 씨앗들이 바닥에 떨어지지 않게 혹은 동물에게 먹히지 않게 보호해주는 역할을 하는 보호막이다. 이 솜은 목화에게는 씨앗을 보호해주는 고마운 존재이지만 기름기가 많은 까닭에 씨앗을 파종할 때 많은 어려움을 겪게 한다. 솜의 기름기가 씨앗의 물 흡수를 방해하기 때문이다. 씨앗의 발아력을 높이려면 씨앗에 붙어 있는 솜을 다 제거한 후 물을 적신 키친타월에 씨앗을 놓고 4~5일 정도 어두운 곳에 둔다. 이때 키친타월의 물기가 씨앗의 물 흡수를 도와준다. 뿌리가 나올 때까지 키친타월이 건조해지지 않게 수시로 체크해주자. 씨앗에서 뿌리가 1~2센티미터 정도 나오면 핀셋으로 조심스럽게 흙에 옮겨 심는다. '면화(綿花)'라고도 불리는 목화가 만들어내는 솜 때문일까, 그 첫인상은 겨울을 떠올리게 한다. 하지만 목화는 더운 열대 지방에서 자생하는 식물이다. 씨앗의 발아 온도는 15℃로 대략 4~5월에 파종해야 하고 너무 늦게 파종하면 가을철 활짝 피어난 하얀 솜뭉치를 보지 못할 수도 있다. 서리가 내리면 목화가 수명을 다하기 때문이다. 연평균기온이 20℃가 넘는 열대 지방의 자생지에서는 2미터까지 자라나는 여러해살이 식물이지만 우리나라에서는 한해살이로 자라는 이유도 이것이다. 목화솜은 탄력이 강해 면, 이불, 솜 등의 직물이나 섬유로 사용되고 셀룰로이드 등의 공업 원료로도 이용된다. 기름 성분이 많은 종자는 오일로 추출하여 마가린, 비누 등의 원료로 사용한다. 이 밖에 줄기와 잎은 사료와 비료, 연료 등으로 사용하기도 한다.

· 아욱과 목화속 한해살이 식물로 인도에서 자생
· 식물학명: *Gossypium indicum*
· 키: 1~2미터
· 꽃 피는 시기: 7~8월
· 특징: 화분에서도 잘 자라는데 많은 목화솜을 구경하기 위해서는
　　　　작은 화분보다 어느 정도 큰 화분을 선택하는 것이 좋다.

스테비아

Stevia

어른들에 의해 감춰진 슬픈 설탕초

"세상에! 설탕 식물이 존재하다고?" 1492년 아메리카 신대륙을 발견한 유럽인들은 인디언들이 마테차에 신비한 풀을 넣어 먹는 것을 보고 이렇게 외쳤을 것이다. 이 느낌은 내가 스테비아를 처음 만났을 때와 비슷하다. 오래전부터 인디언들은 '달달한 풀'이라는 뜻인 '카해애(ka'a he'e)'를 쓴 마테차나 약재에 넣어 단맛을 내는 용도로 사용해왔다. 신대륙이 발견되면서 자연스럽게 스테비아도 전 세계로 퍼져나갔다. 남아메리카 신대륙에 정착한 유럽의 식물학자들은 설탕맛이 나는 이 신비한 식물에 대해 많은 연구를 시작했는데 속명 '스테비아(Stevia)'는 이를 연구하던 스페인 식물학자 페테르 하메르 에스테베(Peter James Esteve)를 기리기 위해 그의 이름을 따서 붙여졌다. 19세기까지 진행된 연구 결과, 스테비아가 설탕보다 높은 당도를 가지지만 칼로리가 거의 없고, 스테비아에 함유된 스테비오사이드, 리바우디오사이드A라는 두 성분이 혈당 수치를 낮춰주어 비만, 당뇨병, 고혈압에 효과적이라는 것이 밝혀졌다. 그 후 미국을 비롯한 일부 나라에서는 스테비아를 당뇨병 환자들이 안심하고 섭취할 수 있는 설탕 대체재로 개발하려는 시도가 있었다. 하지만 설탕 제조업체들의 강력한 반발로 그 계획은 수포로 돌아가고 미국에서는 판매가 금지되기까지 했다. 그러는 사이 이 식물은 아시아에도 전해졌는데 1971년 일본에서 스테비아로 설탕 대체 식품을 출시하여 판매하기 시작하면서 권력에 의해 가려졌던 스테비아가 다시 각광을 받기 시작한다. 2006년 드디어 스테비아가 세계보건기구(WHO)로부터 승인받게 되는데 지금은 어느 나라에서나 스테비아 설탕 대체 식품을 찾아볼 수 있다. 우리나라에 스테비아가 들어온 역사는 길지 않다. 지금은 농장에서 매해 준비해야 할 필수 허브가 되었지만 몇 년 전까지만 해도 스테비아를 아는 이가 그리 많지 않아 수요가 적었다. 허브에 대한 관심도가 높아진 까닭도 있겠지만 건강에 대한 관심이 예전보다 많아진 영향도 있을 것이다. 따뜻한 지역에서 자생하던 스테비아는 추위에 약해 7℃ 이하로 내려가면 살지 못하기 때문에 가을에 모두 실내로 옮겨줘야 한다. 꽃이 피게 되면 영양분이 꽃으로 몰려 잎이 작아지기 때문에 꽃이 피기 전 수확하여 잎을 말려 사용한다. 잘 건조한 잎은 가루를 만들어 요리나 커피, 허브티의 천연감미료로 사용할 수 있다. 물이 많은 습지에서 자생하던 식물이니 흙이 건조해지지 않게 물 관리에 신경 쓰는 것이 스테비아를 죽이지 않고 잘 키울 수 있는 방법이다.

· 국화과 스테비아속 여러해살이 식물로 브라질, 파라과이에서 자생
· 식물학명: *Stevia rebaudiana*
· 키: 70~100센티미터
· 꽃 피는 시기: 8~9월
· 특징: 당뇨에도 안심하고 먹을 수 있는 설탕초 허브.
　　　화분에서도 잘 자란다.

아이브라이트

Eyebright

어제보다 더 밝아진 작은 눈

우리나라에서는 '좁쌀풀'로 알려진 아이브라이트(Eyebright)의 이름은 눈이 밝아지는 효능이 있다 하여 붙여진 것이다. 영국 엘리자베스 시대 황실에서는 눈을 밝히는 치료의 일종으로 아침마다 아이브라이트 꽃을 와인에 넣어 마셨다고 한다. 눈이 좋아지는 이 식물의 효능은 학명의 유래에서도 볼 수 있다. 속명 '유프라시아(Euphrasia)'는 그리스 신화에 나오는 기쁨과 환희의 여신 유프로시네(euphrosyne)에서 따왔는데, 이는 어둡다가 갑자기 밝아지면 느끼는 행복한 기분을 말해주는 듯하다. 여름이 되면 톱니 모양의 잎 사이로 피어난 1센티미터도 안 되는 작은 꽃들이 수상화서로 피는데, 그 이름 때문인지 꽃 모양이 사람의 눈을 연상시킨다. 꽃잎에 그려진 줄무늬는 홍채 같고 아래쪽 노란색의 동그란 모양은 눈동자 같은데 사실 이는 곤충을 꽃가루로 안내하기 위한 일종의 표식이다. 계절과 요정, 꽃의 특징을 표현하는 영국의 일러스트레이터 시슬리 메리 바커(Cicely Mary Barker)는 1940년 펴낸 책 『꽃 요정(Flower Fairy)』에서 아이브라이트를 귀여운 나비로 묘사했다. 이는 아이브라이트 꽃향기를 나비들이 좋아하는 특성을 살린 것이다. 이렇듯 나비가 사랑하는 아름다운 향기와 더불어 눈을 밝게 하여 기쁨과 환희를 가져다주는 아이브라이트는 오래전부터 그 자생지에서 눈 질환 치료제로 사용되어왔다. 아이브라이트 식물에는 아우쿠빈, 비타민 B, C, E, 베타카로틴, 항산화 물질, 플라보노이드가 풍부하게 함유되어 눈의 피로, 안구 건조증, 결막염, 눈 다래끼, 바이러스에 감염된 눈, 알레르기 등 노안을 비롯한 각종 눈 질환에 효능이 좋다. 이 성분들은 염증이 걸리기 쉬운 기관지에도 작용한다. 아이브라이트는 줄기와 뿌리를 건조시킨 후 뜨거운 물에 10분 정도 우려내어 허브티로 마시는데, 이 물을 식혀 눈 세안제로 쓰기도 한다. 최근에는 아이브라이트로 만든 캡슐제품도 시판되고 있다. 아이브라이트는 다른 식물의 뿌리에서 영양분을 흡수하여 성장하는 열당과 기생 식물로 키는 30센티미터 정도이고 늦봄부터 여름에 걸쳐 작고 예쁜 꽃을 피운다.

· 열당과 좁쌀풀속 여러해살이 식물로 유럽에서 자생
· 식물학명: Euphrasia rostkoviana
· 키: 20~30센티미터
· 꽃 피는 시기: 6~8월
· 특징: 눈과 기관지 건강에 도움을 주는 허브.

애플민트

Applemint

1초마다 쌓여가는 인생의 노하우

비닐하우스 안 일렬로 심긴 애플민트(Applemint)가 따뜻한 봄바람을 따라 고개를 살랑이고 잎과 잎을 서로 비비며 달콤한 사과박하향을 낸다. 애플민트라는 이름은 이 향기에서 유래되었다. 강한 생명력으로 추운 겨울에도 뿌리를 보존하여 따뜻한 봄이 오면 그 자리에서 다시 꼬물꼬물 싹이 올라오기에 정원수로 많이 심기지만 농장에서는 사계절 고품질로 수확하고 생산하기 위해 비닐하우스 안에 심는다. 농장에서 카페나 칵테일바 등으로 보내는 상품으로는 민트의 탑(Top) 부분이 쓰이는데 이것으로 쿠바의 전통술 모히또를 만든다. 민트 한 줄기로 만들 수 있는 상품은 겨우 1그램밖에 되지 않기 때문에 애플민트 1킬로그램을 수확하려면 1,000번의 가위질이 필요하다. 하루에 많게는 10~20킬로그램까지 주문이 들어오니 과연 하루에 몇 번의 숙련된 가위질이 필요한 것일까. 박하(Mentha)속 중에서 향기가 가장 부드러워 요리 장식이나 칵테일 재료 등으로 사용되는 애플민트는 정원에서 관상용으로도 많이 키우는데 살충 성분이 들어 있어 진드기나 해충의 피해로부터 함께 있는 식물들을 보호해준다. 고대 로마인들은 애플민트의 달콤하고 향긋한 향기를 사랑했다. 문학가 플리니우스(Gaius Plinius Caecilius Secundus, 62~112?)는 민트를 두고 "기분을 산뜻하게 만들어주고 식욕을 돋우는 아름다운 향기"라고 했다. 목욕탕 문화가 발달한 로마에서는 민트 생잎을 레몬밤 잎과 함께 입욕제로 사용했다. 이는 두 향기가 신경 기능을 안정시킨다고 믿었기 때문이다. 지금도 달콤하고 은은한 애플민트의 향을 추출해 입욕제로 만드는데, 이는 실제로 두통과 피로 회복에 도움을 준다. 애플민트는 여러해살이 식물이고 종자의 번식력이 거의 없기 때문에 종자보다는 꺾꽂이와 포기 나누기로 번식시킨다. 포기 나누기는 봄과 가을에 해주며 왕성하게 자라는 것을 고려하여 포기와 포기 사이를 20~30센티미터 정도 충분히 떼어주는 것이 좋다. 애플민트의 잎과 줄기 크기는 일조량의 영향을 많이 받아 일조량이 강하면 잎과 줄기가 두껍고 굵어지는 반면, 일조량이 약하면 잎과 줄기가 얇고 가늘어지면서 키만 크는 웃자람 현상이 생긴다. 또한 일조량이 매우 강한 한여름에는 식물 자체에서 칼슘 섭취를 못해 잎이 노래지는 현상들이 발생하니 직사광선을 피해 실내로 옮겨주고 통풍을 잘 시켜줘야 한다.

· 꿀풀과 여러해살이 식물로 유럽에서 자생
· 식물학명: Mentha suaveolens
· 키: 30~100센티미터
· 꽃 피는 시기: 7~8월
· 특징: 사과향과 은은한 박하향이 나는 민트로 시장 수요가 가장 많은 허브다.
  물을 너무 많이 주면 뿌리가 썩을 수 있으니 주의한다.

씨앗

열매

밑씨

암술

수술

꽃

새싹

워터크레스

Watercress

순수하지만 강인한 녹색 이파리

"개울 건너편 무성한 물냉이 숲이 눈에 띄었다. 냇물을 건너가 두 손 가득 물냉이를 뜯어 시원한 그 녹색 이파리와 아삭아삭하고 매운맛이 나는 줄기를 씹어 먹었다." 어니스트 헤밍웨이(Ernest Hemingway, 1899~1961)의 장편소설 『누구를 위하여 종은 울리나(For Whom the Bell Tolls)』에서 주인공 로버트 조던은 중대한 작전을 수행하러 가기 전 갑자기 개울가에 있는 물냉이를 한 움큼 집어 먹는다. '워터크레스(Watercress)'는 우리말로 '물냉이'라 불리는데 깨끗한 물이 흐르는 개울가에서 잘 자란다. 그래서 깨끗함과 순수함을 상징한다. 씨만 뿌리면 빠르게 성장한다고 하여 '가든크레스(Gardencress)' 혹은 잎에서 나는 매운맛이 꼭 겨자 같다고 해서 '머스터드크레스(Mustardcress)'라고 부르기도 한다. 워터크레스의 톡 쏘는 겨자맛은 기름기가 많은 오리나 돼지고기와 잘 어울려서 완성된 육류 요리에 워터크레스 한 잎을 곁들이는 것만으로도 느끼한 맛이 중화된다. 워터크레스는 영양소가 풍부하여 하루 50그램만 섭취해도 혈액이 응고되는 것을 방지하는 비타민 K의 하루 섭취 권장량을 충족시킬 수 있다. 한 연구에 따르면 워터크레스를 2개월 동안 지속적으로 먹으면 백혈구 손상을 보호하고 암 위험을 낮추며 몸에 해로운 지방을 10퍼센트 정도 감소시킬 수 있다고 한다. 이 밖에도 워터크레스에 들어 있는 풍부한 미네랄과 칼슘 성분은 혈관을 튼튼하게 하여 심혈관 질환을 예방하고 뼈를 튼튼하게 한다. 워터크레스는 생으로 먹을 때가 가장 맛있다. 후추처럼 맵고 쌉쌀한 맛은 다른 채소나 과일과도 잘 어울려 샐러드나 주스를 만들 때 함께 넣으면 좋다. 그 위에 자몽이나 오렌지를 갈아 비네갈과 함께 섞어 만든 소스를 곁들이면 톡 쏘는 매운맛과 상큼한 맛이 침샘을 자극한다. 칼로리에 비해 필수비타민과 미네랄이 풍부하여 건강한 다이어트 식단에 적절하다. 샌드위치를 만들 때 칼로리가 높은 머스터드 소스 대신 워터크레스를 넣어보자. 아삭한 식감이 겨자맛과 함께 감칠맛을 더해준다. 감자 퓌레에 워터크레스를 넣어도 요리의 풍미가 달라진다. 워터크레스는 줄기를 잘라도 계속 자라기 때문에 한 번 심어두면 꾸준하게 먹을 수 있다. 실내 수경 재배로도 잘 자란다. 흙에 심을 경우 신선한 물을 계속 공급해줄 것을 권한다.

· 십자화과 여러해살이 식물로 유럽, 아시아에서 자생
· 식물학명: *Nasturtium officinale*
· 키: 30~90센티미터
· 꽃 피는 시기: 4~7월
· 특징: 우유보다 많은 칼슘, 시금치보다 많은 철분, 오렌지보다 많은 비타민 C를 함유하고 있다.
　　20센티미터 정도 자랐을 때 어린잎을 먹는 것이 좋다.

재스민

Jasmine

밤에 향기를 내는 화원의 여왕

밤이 되면 신데렐라가 우아한 드레스를 입고 아름다운 모습으로 변신하듯 정원에도 어두운 밤 향기로운 순백색의 드레스를 갈아입는 여왕이 있다. 숨기고 있던 감미로운 꽃향기를 깊은 밤 마음껏 발산하는 재스민. 달빛 아래서 진하게 풍겨오는 재스민의 우아한 향기는 마음 깊숙한 곳까지 우리를 행복하게 해준다. 밤에만 피어오르는 이 감미로운 향기의 비밀은 바로 꽃봉오리에 있다. 낮에는 꽁꽁 닫고 있던 꽃봉오리를 밤이 되면 활짝 열기 때문이다. 재스민(Jasmine)은 열대 지방에서 자생하는 식물로 그 이름은 '신의 선물'이라는 뜻의 페르시아어 '야스민(Yasmin)'에서 유래되었다. 유럽으로 전파된 후에야 영국 큐가든 왕립식물원의 정원사 윌리엄 에이톤(William Aiton)에 의해 '야스미눔(*Jasminum*)'이라는 속명으로 분류되기 시작했다. 지구상에 서식하는 300여 종의 재스민 가운데 유명한 것은 '야래향재스민(Night Jasmine)'과 '아라비안재스민(Arabian Jasmine)'이다. '세상에서 가장 강한 향기를 가진 식물'이라는 별칭을 가진 야래향재스민은 네팔에서는 신에게 바치는 꽃으로 사용되는데, 주술사들은 영적 환각을 위해 꽃을 담배처럼 흡입하여 마시기도 한다. 키는 2~4미터로 자라고 버드나무처럼 잔가지가 많으며 가지마다 노란색 꽃을 피운다. 이 꽃은 독성이 있어 식용으로는 사용하지 않고 아로마테라피나 바디오일 제품 등으로 사용한다. 아라비아 지역의 가정집에서 관상수로 많이 심었던 아라비안재스민은 그 이름도 다양하다. 향기가 말리까지 간다 하여 말리 말(茉), 말리 리(莉) 한자를 써서 '말리화(茉莉花)'라고 부르고, 흰색 꽃이 피어나서 '화이트재스민(White Jasmine)'이라고도 불린다. 꽃의 크기는 작지만 야래향재스민에 뒤지지 않을 만큼 진한 향기를 지녔다. 1년 내내 피어나는 흰 꽃은 허브티의 재료로 쓴다. 재스민의 향기는 매우 강해서 허브티로 사용할 때 홍차나 우롱차 등 향이 강하지 않은 차와 블렌딩하기도 한다. 아라비안재스민은 필리핀 국화(1935년 지정)인 동시에 인도네시아 국화(1990년 지정)다. 인도네시아에서 '멜라티푸티(Melati Putih)'라고 불리는 이 꽃은 전통 결혼식에서 부케나 화관으로 사용되고, 하와이에서는 레이(꽃을 엮어 만든 장식)를 만들 때 사용한다. 재스민 꽃은 이른 아침 꽃봉오리가 약간 닫힌 상태에서 수확하는데, 꽃이 활짝 피면 강한 향기로 머리가 아플 정도이기 때문이다. 재스민 꽃은 감기, 해열, 기침 등에 좋고, 항우울 및 긴장을 풀어주는 효능이 있다. 꽃 외에 잎과 뿌리를 건조하여 약용하기도 한다. 종자 번식은 거의 불가능하고 휘묻이 꺾꽂이로 번식한다.

· 물푸레나무과 재스민속 목본성 덩굴 식물로 유라시아, 오세아니아에서 자생
· 식물학명: *Jasminum officinale*
· 키: 2~4미터
· 꽃 피는 시기: 1년 내내(열대 지방), 봄~늦가을(우리나라)
· 특징: 국내에서 키울 경우 추운 겨울에는 자라지 않기 때문에 실내로 옮겨줘야 한다.
　　　 향이 강해 두통, 구토, 신경 불안을 유발할 수 있으니 주의한다.

캐모마일

Chamomile

밟을수록 강해지는 사과향 잔디

저먼캐모마일

로먼캐모마일

사과 껍질을 벗길 때 나는 달콤한 향, 캐모마일은 노란 꿀 과즙이 듬뿍 든 사과향이 난다. 캐모마일의 속명 '만자닐라(*Manzanilla*)'는 '땅사과'라는 뜻을 지닌 스페인어 '만사나(*Manzana*)'에서 유래되었다. 겨울잠을 마친 캐모마일이 땅에서 꼬물꼬물 올라온다. 작은 꽃망울과 가녀린 이파리를 가진 이 식물을 첫인상만 보고 판단하면 안 된다. 강인한 생명력을 가지고 있어 밟으면 밟을수록 오히려 수백 개의 씨앗을 퍼트리기 때문이다. 캐모마일은 일반적으로 저먼캐모마일(German Chamomile)과 로먼캐모마일(Roman Chamomile, English Chamomile이라고도 함) 두 종류가 잘 알려져 있다. 저먼캐모마일은 60~90센티미터로 키가 크고 추운 겨울을 나지 못하는 한해살이 식물이다. 1년밖에 살지 못하지만 꽃이 지면 노란 관상화에서 수만 개의 씨앗을 퍼트려 바람에 의해 자연 번식을 하거나 동물에 의해 씨앗을 퍼트린다. 가을 서리가 내리기 전까지 꽃을 계속 피우는데 노란색 관상화와 흰색 설상화가 있는 두상꽃차례이고 씨앗을 봄과 가을에 파종하는 춘추파 식물이다. 로먼캐모마일은 키가 작은 여러해살이 식물로 관리가 편해 실외 정원수로 많이 심는다. 강인한 번식력을 자랑하는 허브답게 추운 겨울에도 죽지 않고 뿌리로 버티며 이른 봄 다시 푸른 새싹을 틔운다. 이 두 캐모마일은 꽃 모양과 향기와 맛에서도 차이가 있다. 저먼캐모마일은 관상화가 두터우며 꽃에서 달콤한 맛이 나지만, 로먼캐모마일은 향이 진하고 관상화가 얇고 작으며 먹으면 쓴맛이 난다. 고대 이집트인들은 캐모마일을 태양신 라(Ra)가 내린 신성한 선물로 귀하게 여겨 왕족을 미라로 만들 때 사용했다. 아마도 그들은 캐모마일의 아름다운 향기와 모양이, 또한 잘 죽지 않는 강인함이 그들을 신과 연결해주는 통로라고 생각했던 것은 아닐까. 캐모마일은 정서 안정, 근육성 긴장, 우울증, 불면증에 좋다. 중세 시대 수도원에서는 정신적 치료 목적으로 정원에 캐모마일을 많이 심었다. 1세기 그리스 의학자들은 캐모마일을 열병이나 부인과 질환에 사용했고 염료 성분이 있는 꽃을 직물이나 머리를 염색하는 데 썼다. 오늘날에는 꽃을 말려 허브티로 마시거나 에센셜 오일을 추출해 아로마테라피로 이용한다.

· 초롱꽃목 국화과 여러해살이 식물로 남동유럽에서 자생
· 식물학명: *Matricaria recutita*
· 키: 로먼캐모마일(30~50센티미터), 저먼캐모마일(60~90센티미터)
· 꽃 피는 시기: 5~10월
· 특징: 잔디처럼 강한 번식력과 성장력을 지닌 허브.
　　　캐모마일은 밤에는 꽃을 오므려 잠을 자고 아침이 되면 꽃을 피우는데,
　　　꽃 수확은 꽃이 활짝 피는 낮 12시경이 가장 좋다.

피버퓨

Feverfew

산과 들에서 자라는 야생국화

캐모마일과 똑같은 꽃 모양, 이상하다. 내 눈이 이상한 걸까? 피버퓨 꽃의 생김새는 캐모마일과 비슷하여 자칫 잘못하면 같은 꽃으로 착각하기 쉽다. 하지만 그 잎과 줄기의 생김새나 향기를 맡노라면 캐모마일과는 전혀 다른 식물임을 알게 된다. 톱니처럼 생긴 캐모마일 잎과는 다르게 넓은 면으로 갈라진 피버퓨 잎은 쑥과 비슷하고, 여름철 피어나는 꽃은 진한 국화향이 나서 '화란국화'라고 불린다. 그 효능도 캐모마일과 다르기 때문에 사용 방법도 달리 해야 한다. 캐모마일은 정서 안정, 스트레스 등에 좋아 그 꽃을 허브티나 에센셜 오일에 사용하지만, 피버퓨는 편두통 등의 통증을 완화하는 효능이 있어 꽃, 잎, 열매 모두 치료제로 사용한다. 그래서 진통제가 없었던 고대 그리스 시대에 '기적의 아스피린'이라 불리며 사람들에게 없어서는 안 될 가정상비약이었다. 다행히도 이 식물은 산과 들판에서 흔히 볼 수 있는 야생화로 잘 자라 쉽게 구할 수 있었다. 이러한 민간치료제 역할은 유럽의 중세 시대까지 계속되었는데 관절염과 해열 치료제로도 사용되었다. 영어로 '피버퓨(Ferverfew)'라는 이름은 '해열'을 뜻하는 라틴어 '페브리푸기아(febrifugia)'에서, 속명 '타나케툼(Tanacetum)'은 '불멸'을 뜻하는 그리스어 '아타나시아(Aθανασία)'에서 유래되었다. 피버퓨의 꽃과 열매에는 비타민, 철, 칼륨 등의 미네랄이 풍부하여 자궁을 깨끗하게 하고 생리통을 줄여주는 등 여성 질환에 좋고, 입욕제로 사용하면 피로 회복에 도움이 된다. 꽃, 잎, 열매를 말려 허브티로 만들어 마셔보자. 물론 시중에 나와 있는 티백이나 캡슐제를 구입해도 된다. 피버퓨는 고온 다습한 환경보다는 서늘한 환경을 좋아한다. 물은 너무 자주 주지 말고 흙이 충분히 마른 후에 주는 것이 좋다. 통풍이 잘되도록 포기와 포기 사이 간격을 충분히 두어 심기를 권한다. 번식은 씨앗, 꺾꽂이, 포기 나누기로 할 수 있다.

· 초롱꽃목 국화과 여러해살이 식물로 남동유럽에서 자생
· 식물학명: *Tanacetum parthenium*
· 키: 30~90센티미터
· 꽃 피는 시기: 6~8월
· 특징: 피버퓨의 쓰고 강한 향기는 살충 효과가 있으니 포푸리로 만들어 옷장이나 신발장에 넣어두자.

All That Herb

이 아름다운 꽃들의 속삭임을 아는가?
낮에는 진리, 밤에는 사랑을 속삭인다.

— 하인리히 하이네

Oenothera biennis
Anethum graveolens
Levisticum officinale
Aspalathus linearis
Moringa oleifera
Jacobaea maritima
Hypericum perforatum
Angelica gigas
Achillea millefolium
Helianthus annuus
Carthamus tinctorius

달맞이 꽃

Evening Primrose

석양을 기다리는 와인벚꽃

햇살이 따사로운 낮에는 부끄러운 듯 아름다운 자태를 감추고 있다가 달이 환하게 떠오르는 밤에 살며시 피어나는 달맞이꽃. 그래서인지 '기다림'이라는 꽃말을 가지고 있다. 속명인 '오에노테라(Oenothera)'는 그리스어로 와인을 의미하는 '오이노스(οινος)'와 사냥을 의미하는 '티라스(θηρας)'가 합쳐진 말이다. 이는 달맞이꽃에서 나는 와인 향기로 동물들을 유인해 사냥하던 것에서 유래되었다. 한자로는 달밤에 볼 수 있는 식물이라 하여 '월견초(月見草)', 밤에 피어나는 향기라 하여 '야래향(夜來香)'이라 부르고, 일본에서는 '석양의 벚꽃'이라 부른다. 농장에서는 아침부터 낮까지 수확한 신선한 허브를 바로바로 손님에게 보낸다. 그러다 보니 밤에만 피어나는 향기로운 달맞이꽃은 수확할 수 없기에 아쉬움이 크다. 물론 밤에 꽃을 수확한다고 해도 다음날 사용할 수 없는데 달맞이꽃은 수확하고 1시간 이내에 바로 시들어버리기 때문이다. 달맞이꽃은 번식력이 뛰어나고 어느 곳에서나 야생으로 잘 자라서 개울가, 강가, 황무지, 풀밭 등에서도 흔하게 볼 수 있다. 두해살이 식물로 매서운 추위에도 뿌리를 잘 보존하고 있다가 다음해 봄에 다시 자라기 시작한다. 키는 1~1.5미터로 크게 자라기 때문에 쓰러짐을 방지하기 위해서 지지대로 잡아주는 작업이 꼭 필요하다. 7~8월에 노란색 꽃이 피는데 가을에 꽃이 지고 나면 작은 씨앗들이 가득한 열매가 맺힌다. 가을에 씨앗을 받아 이듬해 봄에 파종하는 것이 보통이다. 햇빛이 많고 물 빠짐이 좋은 토양에서 키워야 잘 자란다. 달맞이꽃은 식용으로 사용할 수 있다. 아주 미미하게 달달한 맛이 나지만 꽃잎이 매우 부드러워 샐러드나 비빔밥, 수프, 스파게티 등에 넣어먹으면 부드럽게 씹히는 촉감이 기분을 좋아지게 한다. 오래전 인디언들은 달맞이꽃의 어린잎, 줄기껍질, 뿌리를 피부염이나 종기 등의 통증을 멈추는 데 사용했다. 꽃잎을 생으로 빨아 피부에 직접 바르거나 말린 뿌리를 끓여 먹기도 했다. 피부 홍조증에 좋은 달맞이꽃의 잎을 최근에는 화장품 원료로 사용하기도 한다. 감마리놀렌산이 풍부한 씨앗은 압착하여 그 유명한 달맞이꽃 오일을 만드는 데 사용한다. 이 종자유는 불포화지방산으로 비만, 아토피, 여성 생식기관, 간 기능 개선 등에 좋다.

· 비늘꽃과 두해살이 식물로 칠레에서 자생
· 식물학명: *Oenothera biennis*
· 키: 1~1.5미터
· 꽃 피는 시기: 7~8월
· 특징: 정원에 심는 것을 권장한다.
　　달맞이꽃 오일을 다량 섭취 시 체질에 따라 소화 장애 등의 부작용이 올 수 있으니 주의해야 한다.

딜

Dill

오랜 역사를 자랑하는 깊은 향기

봄에 씨를 뿌린 딜 모종들이 파종판에 옹기종기 모여 있다. 그 모습이 마치 나무가 무성한 미니어처 숲을 보는 듯하다. 작은 딜 모종들을 땅에 하나씩 옮겨 심으면 어느덧 일반 성인의 키보다 크게 자란다. 꽃이 지고 난 후 작은 딜 씨앗들이 흙에 떨어지지 않기를 바라야 한다. 발아력이 아주 좋아 어느 순간 화단을 딜 천지로 만들어버릴 수 있기 때문이다. 사람의 머리통만 한 노란 우산 모양의 꽃들은 정원을 독보적으로 만드는데 가늘고 긴 창살처럼 생긴 잎들 사이로 보이는 이 키다리아저씨의 모습에 미소가 지어진다. 딜은 뿌리가 길지 않아 화분에서도 잘 자라지만 큰 키를 자랑하는 딜의 모습을 보고 싶다면 정원에 심는 것을 추천한다. 정원에 심을 때는 지지대를 세우는 것이 좋다. 봄에 파종하면 5~6월에 작고 노란 꽃들이 우산처럼 동그랗게 무리지어 피고 그 향이 매우 강하다. 속명 '아네툼(Anethum)'은 미나리과를 칭하며 종명 '그라베올렌스(graveolens)'는 '향기가 강한'이라는 뜻을 가지고 있다. 서늘한 기후를 좋아해서 봄, 가을에 잘 자라며 물 빠짐이 좋고 거름이 많은 흙을 좋아한다. 햇빛을 좋아하고 추위에 약해 겨울이 오기 전 실내로 옮겨줘야 한다. 딜은 요리와 잘 어울려 기원전부터 재배되어온 허브다. 고대 문헌에 따르면 이집트 왕의 무덤에서 딜이 발견된 기록이 있다. 서양 요리사들에게는 지금도 많은 사랑을 받는 허브 딜은 강한 향을 좋아하지 않는 우리나라에서는 거의 사용되지 않지만 간혹 수프나 파이, 연어, 육류, 해산물 등의 요리에 소량의 잎을 넣어 먹기도 한다. 도정이 되지 않은 쌀 모양의 씨앗도 향이 매우 강하다. 곱게 간 씨앗은 향신료를 만들고 오일로 추출할 경우 비누나 향료로 사용한다. 꽃은 요리나 칵테일의 가니쉬로 사용한다. 잎과 씨앗을 뜨거운 물에 우려내어 허브티로도 마신다. '딜(Dill)'이라는 이름은 '진정시키다, 달래다'의 뜻을 가진 스칸디나비아어의 '딜라(dilla)'에서 유래됐다. 이는 오래전부터 딜이 진정 작용에 사용된 약용 식물이었기 때문이다. 복통이나 소화 장애, 불면증, 월경불순이 있을 때나 신경이 예민해졌을 때 딜을 물에 달여 증상을 완화시켰다. 또한 구취 제거, 항염증, 설사, 면역력 증강, 관절염에도 뛰어난 효과가 있다.

- 미나리과 여러해살이 식물로 유라시아에서 자생
- 식물학명: *Anethum graveolens*
- 키: 1.5~2미터
- 꽃 피는 시기: 5~6월
- 특징: 몸을 진정시켜주는 허브.
  꽃, 잎, 줄기, 씨앗을 요리의 향신료로 사용한다.
  화분에서도 잘 자라며 추위에 약하니 겨울에는 실내로 옮겨주자.

러비지

Lovage

정원 위로 우뚝 솟은 노란 우산

장대만 한 키에 커다란 노란 우산을 썼지만 다 가려지지도 않는 거대한 몸짓으로 곧 내릴 소나기를 기다리는 듯하다. 러비지는 물을 좋아하여 흙만 건조해지지 않게 잘 관리하면 무럭무럭 자라난다. 워낙 키가 큰 러비지의 모습은 정원의 포인트가 될 뿐 아니라 어느 허브들과 함께 심어도 적절한 조화를 이룬다. 잎의 모양은 파슬리와 비슷하고 줄기는 셀러리와도 흡사해 어딘가 모르게 친근하다. 러비지가 노란 우산을 활짝 펼치는 여름이 오면 씨앗 받을 준비를 해야 한다. 장마로 씨앗이 바닥에 모두 떨어져 다음해 봄 정원이 러비지로 가득 차버리는 것을 원하지 않는다면 말이다. 꽃이 시들기 시작하면 씨앗들이 흙 위로 떨어지지 않게 비닐을 깔아두자. 그렇게 모은 씨앗들은 바짝 건조시켜서 펜넬, 딜과 함께 향신료로 사용할 수 있다. 펜넬처럼 줄기와 잎, 뿌리, 씨앗을 모두 사용할 수 있는 허브이고, 맛과 향은 셀러리와 비슷하다. 고대 로마 4~5세기경에 쓰인 요리책 『아피시우스(Apicius)』에는 러비지가 자주 등장한다. 고대 로마에서는 이탈리아 리구리아주 산에 자생하던 러비지의 씨앗을 후추처럼 사용했는데 러비지 줄기와 뿌리를 버터에 볶고 난 후 그 씨앗을 뿌려 맛을 낸 요리를 즐겨 먹었다고 한다. 속명 '레비스티쿰(Levisticum)'은 자생지인 리구리아(Liguria)에서 유래되었다. 셀러리처럼 속이 비어 있는 줄기는 잘라도 계속 자라기 때문에 정기적으로 따서 요리가 가능하고 싱싱한 잎은 여러 가지 음식에 넣어 먹을 수 있다. 작은 씨앗 몇 개를 피클에 넣어보자. 가득한 풍미를 느끼는 순간 러비지의 팬이 되어버릴지도 모른다. 단, 향이 제법 강하니 너무 많이 넣지는 말자. 잎은 샐러드, 퓌레, 수프, 육류 요리에 넣어 맛과 향을 내는 향미료로 사용한다. 줄기는 셀러리처럼 생으로 먹기도 하는데 껍질을 벗겨 데친 후 드레싱을 뿌려 먹거나 수프에 넣고 함께 끓여 먹어도 좋다. 뿌리 역시 셀러리악처럼 요리해 먹을 수 있다. 그만큼 러비지는 오래전부터 유럽 국가들에서 요리에 주재료로 흔히 사용된 허브다. 우리가 자주 먹는 채소(무나 시금치)처럼 말이다. 러비지는 인후염, 방광염, 생리통 등 통증에 효과적이라 뿌리를 달인 물을 구내염이나 편도선염 가글액으로 쓰기도 한다. 식사 후 씨앗을 씹으면 소화 불량에 도움이 되며 류머티즘에도 효과가 좋다.

· 산형화목 미나리과 여러해살이 식물로 이탈리아에서 자생
· 식물학명: *Levisticum officinale*
· 키: 1.5~2.5미터
· 꽃 피는 시기: 6~7월
· 특징: 배수가 잘되며 거름기가 많고 햇볕이 잘 드는 정원에 심는다.

백묘국

Dusty Miller

따스한 여름에 피어나는 은빛 눈꽃

햇볕이 쨍쨍한 한여름에도 은빛 눈꽃을 볼 수 있어 행복하다. 하지만 기다림 끝에 사랑이 찾아오듯 은빛 눈꽃 위 아름다운 노란 꽃봉오리를 보려면 2년을 더 기다려야 한다. 초록색 잎 위에 하얀 눈이 덮인 듯 보여 '백묘국(白妙菊)' 또는 '설국(雪菊)'이라고 부른다. 잎과 줄기에 난 무수히 많은 흰색의 잔털들이 백묘국을 더욱 하얗게 만들어 주는데, 이 때문에 '실버더스트(Silver Dust)'라고도 불린다. 해안가 절벽이나 바위틈에서 자라나는 백묘국은 그 잎의 모양이 아름다운 패턴을 이루고 있어 무척이나 매력적이다. 꽃과 잎, 줄기에 든 독성은 백내장, 결막염을 치료하는 데 쓰인다. 해외에서는 이 성분으로 만든 안약이 판매되고 있고, 백묘국의 잎을 짓이겨 만든 수액을 한 방울씩 1일 4~5회씩 투여해서 백내장을 치료한 연구 기록이 있다(국내에서는 아직 백묘국을 약용으로 사용한 기록이 없다). 백묘국은 사실, 꽃보다 아름다운 은빛 잎을 감상하기 위해서 실내 관상용으로 많이들 키우는데 눈꽃을 닮은 잎은 특히 겨울철 크리스마스 장식으로 활용하기 좋다. 단 추위에 약하기 때문에 겨울철에는 꼭 실내로 옮기고 적정 온도를 18℃ 내외로 맞춰줘야 한다. 햇볕을 좋아하므로 창가에서 키우고 유기질이 많은 토양에서 잘 자라니 비료를 적절히 주는 것을 권한다. 습기에 약한 식물이라 물을 너무 많이 주면 뿌리가 썩어 죽기 쉽다. 화분 크기나 토양 상태에 따라 크게는 50센티미터 내외로 자란다. 국화과 여러해살이 식물로 씨앗이나 꺾꽂이로 번식이 가능하고, 특히 꺾꽂이로 번식이 잘되니 매해 조금씩 잘라 그 수를 늘려나가는 것도 하나의 즐거움이다. 노란색, 녹색, 보라색 식물들을 함께 심으면 다채롭고 조화로운 색의 화단을 만들 수 있다. 어두운 색 계열의 선반이나 책상 위에 올려놓아 칙칙했던 집 안 분위기를 한결 화사하게 만드는 등 실내 인테리어의 포인트 식물로 활용 가능하다.

· 국화과 여러해살이 식물로 북아프리카, 남아시아, 지중해에서 자생
· 식물학명: *Jacobaea maritima*
· 키: 50센티미터
· 꽃 피는 시기: 6~9월
· 특징: 화분과 정원에서 키우며, 추위에 약하니 겨울에는 실내로 옮겨주자.

세인트존스워트

St. John's Wort

피눈물 가득한 노란 꽃

노란 슬픔의 불꽃이 도시 전역을 활활 태운다. 모든 들판이 초록빛으로 물드는 여름이 오면 달콤한 꿀 향기 가득한 노란색 꽃들이 평지부터 산꼭대기까지 무수히 피어오른다. 세례자 요한이 태어난 6월부터 그가 헤롯 왕에 의해 참수된 8월까지 피어난다는 전설에서 이 식물의 이름은 시작되었다. 세인트존스워트(St. John's Wort)의 '세인트존(St. John)'은 '세례자 요한'을 뜻하고 '워트(Wort)'는 고대 영어로 '풀(Plant)'을 의미한다. 이 노란 꽃에는 무서운 비밀이 있는데 바로 꽃잎 위에 있는 작고 검은 점이다. 이 검은 점들은 붉은 색소 하이퍼리신(hypericin)이 들어 있는 기름샘으로 으깨면 그 색이 빨갛게 변한다. 꽃의 슬픔이 마치 붉은 눈물로 흐르는 듯하다. 오래전 사람들은 세인트존스워트가 악령을 쫓는 강력한 힘이 있다고 믿었고, 그 꽃이 피는 여름이 오면 꽃다발을 만들어 문과 창문에 걸어두었다고 한다. 수 세기 동안 악마를 쫓는 암울한 의식에 사용되었던 세인트존스워트는 아이러니하게도 기분을 좋게 만들어주는 호르몬 세로토닌의 분비를 촉진시키는 효능이 있다. 그래서 오래전부터 우울증 치료제로 사용되어왔다. 세인트존스워트를 항우울증제로 사용하면 위에 자극이 없을뿐더러 부작용이 적다는 연구 결과가 있다. 또한 고대 그리스, 로마의 의학자들은 전쟁으로 입은 부상이나 화상, 타박상, 염증 치료에 세인트존스워트를 사용했다. 십자군 전쟁 때도 상처 치료에 사용되었다. 세인트존스워트를 사용하는 방법은 간단하다. 꽃, 잎, 줄기를 건조하여 허브티로 마시거나 오일로 추출하여 피부의 상처, 통증 등에 바르면 증상이 완화된다. 이렇게 유용하고 아름다운 모습을 지닌 허브도 때로는 잡초로 취급될 수 있다. 이 허브를 동물들이 먹으면 피부병을 일으키기 때문이다. 그래서 목장 주인들에게는 큰 골칫거리다. 하지만 효능이 뛰어나고 키우기가 쉬워 고대 허벌리스트(Herbalist)들에게는 제법 인기 있는 허브였다. 번식은 씨앗과 포기 나누기로 한다.

· 물레나무속 여러해살이 식물로 유럽에서 자생
· 식물학명: *Hypericum perforatum*
· 키: 1미터
· 꽃 피는 시기: 6~8월
· 특징: 우리나라에서 자생하는 고추나물의 외래종으로 '서양고추나물'이라 불린다.
　　　비옥하지 않은 땅에서도 잘 자라지만, 직사광선이 너무 강한 곳에서 키울 경우 잎이 마른다.

안젤리카

Angelica

기약 없는 아픔과 기다림

안젤리카는 한자로 '당귀(當歸)'라 부른다. '돌아오다'라는 의미를 지닌 '당귀'라는 이름은 전쟁터에 나간 남편의 품속에 이 식물을 넣어주던 중국 여인들의 옛 풍습에서 유래되었다. 전쟁터에서 기력이 다했을 때 당귀를 먹고 힘을 내어 집으로 무사히 돌아올 수 있기를 기원하는 마음이다. '안젤리카(Angelica)'라는 속명은 천사(Angel)를 뜻하는 그리스어 '안겔로스(angelos)'에서 유래되었다. 안젤리카속 식물은 당귀를 포함하여 110여 종이 있는데 절반이 중국이 원산지다. 중국 간쑤성 고산 지대의 숲이 당귀 생산지로 가장 유명하다. 2미터가 넘는 큰 키를 자랑하며 우산 모양으로 둥글게 모여 피는 흰색과 노란색의 여러 송이 꽃들이 줄기에 곧게 매달린 모습이 인상적이다. 우거진 숲에서 자라던 습성 때문에 정원의 그늘진 구석도 개의치 않고 묵묵히 잘 자란다. 안젤리카는 신진대사 기능을 좋게 하여 몸의 기력을 되찾아주는 강장제 역할을 했기에 오래전부터 중국, 한국, 일본에서 전통 한약재로 사용했고, 중세 시대에는 페스트 치료제로도 쓰였다. 여성의 자궁에 좋아 '여성의 인삼'이라고 불리는데, 혈액이나 체액의 순환을 원활하게 하여 갱년기 증상, 생리통, 빈혈에 효과가 있다. 안젤리카는 맛이 쌉쌀해서 다른 허브들과 블렌딩하면 좋은 허브다. 2~3년 정도 자란 뿌리를 가을에 수확하고 건조시켜 잘게 잘라 복용한다. 수확할 때는 뿌리가 다치지 않게 조심스럽게 파내야 한다. 뿌리가 많이 뒤엉켜 있어 뿌리 사이사이에 붙은 흙을 완전히 제거하기가 쉽지 않다. 시중에 파는 당귀 제품을 구입할 때는 흙이 묻어 있는지 여부를 체크하는 것도 중요하다. 수확한 뿌리를 햇볕에 바로 건조하면 딱딱해질 수 있으니 그늘에서 부분 건조한 후 작은 다발로 묶어 불을 피워 연기로 건조하는 것이 좋다. 꽃은 초여름에 피고 열매는 늦여름에 달리는데 꽃에서는 달콤한 꿀향기가 나며 잎을 손으로 문지르면 강한 사향이 난다. 안젤리카는 기침 감기에도 도움을 준다. 기침이 심할 때 뿌리를 물에 끓여 하루 2~3번 꾸준히 마시면 효과가 있다. 어린잎을 잘게 잘라 과일 디저트나 잼에 넣기도 하고 어린 줄기를 삶아 다른 채소와 곁들여 먹기도 한다.

· 산형화목 미나리과 여러해살이 식물로 중국에서 자생
· 식물학명: Angelica gigas
· 키: 2~2.5미터
· 꽃 피는 시기: 6~8월
· 특징: 여성의 자궁에 좋은 허브. 임산부나 수유 중에는 사용을 피한다.
　　　비옥하고 습한 토양의 정원에 키우는 것이 좋다.

야로우

Yarrow

무늬만 날카로운 목수의 톱니

날카로운 톱니 모양의 잎을 가진 야로우는 우리나라 톱풀의 외래종으로 '서양톱풀'이라 불린다. 그 잎이 상처를 잘 낫게 한다 하여 프랑스에서는 '목수의 약초'라고 부른다. 톱풀이라는 이름과는 반대로 이 식물은 정작 자신을 해치는 어떤 적들에게도 상처를 입히지 않는 부드러운 촉감의 잎을 가지고 있다. 잎의 톱날 부분은 식물을 보호해주는 표피세포가 변형된 것이다. 이는 잎의 수분 증발을 방지해주는 역할을 한다. 야로우 잎을 만져보면 항상 축축한 것은 바로 이 때문이다. 야로우는 매서운 추위에도 잘 견디고 빠르게 번식해서 초원이나 들판에서 흔하게 볼 수 있다. 그래서 가끔 잡초로 취급받기도 한다. 다 자란 야로우는 키가 1미터 정도인데 뿌리줄기가 옆으로 잘 퍼지기 때문에 휑했던 화단을 금세 덮어준다. 여름부터 가을까지 줄기 끝에서 흰색, 노란색, 빨간색의 꽃들이 여러 무리로 모인 산방꽃차례가 핀다. 서늘해지는 가을 끝자락이 되면 꽃은 떨어지고 그 자리에 검고 작은 씨앗이 가득한 갈색 열매가 달린다. 야로우의 속명 '아킬레아(*Achillea*)'는 그리스 신화에 나오는 트로이 전쟁의 영웅 아킬레우스 장군이 전쟁에서 상처를 입은 자신의 병사들을 치료할 때 사용했던 약초가 야로우였다는 전설에서 유래되었다. 실제로도 야로우는 상처나 혈류를 지혈해주는 효능이 있어 고대에는 상처 입은 군인들을 치료하는 데 쓰이며 '군대의 허브(herbal militaris)'로 불렸다. 또한 예부터 뱀에 물렸을 때 발랐던 민간 치료제, 그리고 치질 치료제로도 사용되었다. 지구상에 100여 개의 톱풀(*Achillea*)속이 있는데 모두 해독제, 해열제로 쓰이던 약초들이다. 야로우의 꽃말은 '변함없는 행복'이다. 겨울에 마치 죽은 것처럼 보이던 뿌리가 이듬해 봄 다시 새롭게 자라나며 변함없이 우리를 행복하게 주는 것처럼 말이다.

· 톱풀속 국화과 여러해살이 식물로 아시아, 유럽, 북아메리카에서 자생
· 식물학명: *Achillea millefolium*
· 키: 1미터
· 꽃 피는 시기: 7~9월
· 특징: 봄에 어린 순을 나물로 무쳐 먹거나 허브티로 마신다.
　　　　화분에서도 잘 자라는데 뿌리가 옆으로 퍼져 자라기 때문에 넓은 화분에 심는 것이 적당하다.
　　　　겨울철 실외에 두어도 뿌리가 죽지 않는다.

해바라기

Sunflower

희망을 그리는 노랗고 둥근 보석

노란 해를 닮아서 또는 해가 뜨는 동쪽을 바라보며 꽃이 핀다 하여 '해바라기(Sunflower)'라 부르는 이 꽃은 후기인 상주의 화가 빈센트 반 고흐(Vincent van Gogh, 1853~1890)에게는 아픔이자 희망의 상징이었다. 힘든 화가의 길을 가던 중 아버지가 뇌졸중으로 사망하고 그림이 팔리지 않아 가난에 허덕이며 고흐는 열정을 잃게 된다. 그의 심경을 잘 표현하듯 고흐의 해바라기 작품의 해바라기들은 대부분 말라 비틀어져 메마른 모습이다. 하지만 화분과 배경은 모두 노란색으로 칠해져 있다. 해바라기도 노란색인데 배경까지 같은 색으로 칠한 것이 아이러니하지만, 그를 통해 삶의 희망과 의지를 담아내려 했는지도 모른다. 프랑스 시인 장 니콜라 아르튀르 랭보(Arthur Rimbaud, 1854~1891)는 자신의 시에서 레옹 강베타(Léon Gambetta, 1838~1882)를 해바라기로 묘사한다. 공화파 정치가였던 그가 랭보에게는 잠든 조국애를 덥혀주는 새로운 태양이었던 것이다. 이처럼 예술적, 문학적으로 희망을 상징하는 해바라기는 자연에게도 희망을 준다. 중금속이나 방사능으로부터 오염된 토양을 깨끗하게 만드는 정화 능력이 있기 때문이다. 실제 러시아 체르노빌에서는 방사능으로 오염된 토양을 복원하기 위해 해바라기를 대규모로 심었다고 한다. 8~9월이 되면 가지 끝에 꽃이 하나씩 달리는데 꽃이 점점 무르익어 일반 성인의 얼굴만 하게 커지면 그 무게가 감당이 안 되는지 해바라기는 힘없이 축 처지며 고개를 숙인다. 숙연함도 잠시 그 지는 꽃 안에 가득 들어 있는 수천 개의 작은 씨앗들을 보노라면 다시금 희망의 미소가 지어진다. 해바라기는 꽃잎, 씨앗, 심지어 줄기까지 버릴 것이 하나도 없는 귀한 식물이다. 씨앗은 생으로 먹거나 굽는 등 다양한 요리에 이용할 수 있는데, 불포화지방산이 풍부해 건강한 영양보충제가 된다. 씨앗을 추출해 만든 해바라기유도 활용도가 높다. 꽃잎과 어린 잎은 주로 차로 마시거나 나물 요리에 넣어 먹는데, 꽃을 이용해 노란색 염료를 만들기도 한다. 꽃차는 폐 질환, 말라리아, 이뇨 작용, 해열, 가래가 많이 낀 거담에 효과가 있고, 뿌리를 달여 먹으면 류머티즘 관절염에 좋다. 잎은 해독 작용이 있어 뱀이나 거미에 물렸을 때 짓이겨 바르면 상처가 호전된다. 키가 2미터까지 크기 때문에 정원의 맨 뒤쪽에 심는 것이 적당하다.

· 국화과 해바라기속 한해살이 식물로 중앙아메리카에서 자생
· 식물학명: *Helianthus annuus*
· 키: 1~2미터
· 꽃 피는 시기: 8~9월
· 특징: 뿌리가 깊게 뻗기 때문에 배수가 잘되는 정원에 심는다.

홍화

Safflower

고귀한 이를 보호하기 위한 가시

식물은 자기 자신을 보호하거나 씨앗을 번식하기 위해 줄기나 씨앗에 가시를 품고 태어난다. 홍화 열매에 있는 삐죽한 가시는 동물들로부터 씨앗을 보호하기 위해 만들어졌다. 그리스에서 한약재로 많이 사용하여 재배했던 홍화는 우리말로 '잇꽃', 영어로는 '샤플라워(Safflower)'라고 부른다. 주로 씨앗에서 추출한 식물성 오일을 식용이나 약용 또는 염료로 사용한다. 홍화 오일에는 콜레스테롤을 녹이는 리놀산이 함유되어 있어 뼈가 부러진 사람이나 골다공증 질환에 효능이 있다. 홍화 오일은 살짝 쓰지만 향긋한 맛이 나는 것이 특징이다. 홍화는 기후나 환경에 따라 오일 함유량이 다른데 우리나라에서 재배한 홍화가 중국에서 재배한 홍화보다 기름이 적다. 그래서 우리나라에서 재배한 홍화는 오일로도 만들지만 차로 덖어 허브티로 마시기에 더 좋다. 차로 덖기 위해서는 홍화 꽃이 70~80퍼센트쯤 피어 붉은빛이 돌 때 날을 잡아 정오에 따는 것을 권한다. 수확한 꽃은 그늘에서 건조시키는데 햇볕에서 말리면 꽃의 색이 바래지기 때문이다. 홍화는 키가 1.5미터까지 자라는 국화과 한해 또는 두해살이 식물로 7~8월에 탁구공만 한 크기의 주황색, 노란색의 꽃을 피운다. 한 그루당 5송이, 많게는 재배법에 따라 약 50송이 꽃이 달린다. 건조시킨 꽃을 노란색 천연염료로 사용하기도 한다. 고대 이집트의 투탕카멘 무덤과 파라오 무덤에서 홍화 염료로 물들인 천으로 싼 미라가 발견된 것을 보면 이미 오래전부터 홍화 꽃을 염료와 약용으로 재배했다는 사실을 추측할 수 있다. 홍화 꽃으로 만든 염료에는 물에 잘 녹지 않는 적색고(노란색, 붉은색을 내는 색소)가 들어 있는데, 이는 오래전 연지를 만들 때 사용하던 색소다. 홍화 꽃 염료에 초를 넣어 침전시키면 연지를 만들 수 있다. 이 밖에 조선 시대에는 천과 종이의 염료로 쓰기 위해 홍화를 대량으로 재배했고 홍화로 염색한 것은 모든 색 중 가장 고가로 취급되었다. 오늘날 홍화 오일로 만든 유화물감도 선명도와 내광성이 뛰어나 값이 비싸다. 국내에서는 경상북도 의성에서 염료 및 유지작물(종실로부터 기름을 짜서 이용하는 작물)로 홍화를 대량 재배하고 있다. 홍화 꽃을 허브티로 마시면 감기와 피로 회복은 물론, 자궁을 수축하고 혈액 순환을 촉진하여 몸을 따뜻하게 해주는 효과가 있어 여성 질환 개선에 좋다. 생리가 불순한 날이나 생리통이 심한 날, 갱년기 증상이 있을 때 홍화 꽃차를 마셔보자.

· 엉겅퀴과 한해 또는 두해살이 식물로 이집트에서 자생
· 식물학명: *Carthamus tinctorius*
· 키: 1~1.5미터
· 꽃 피는 시기: 7~8월
· 특징: 뿌리가 깊게 자라므로 정원에 심는 것을 권장한다.
　　　 임신 중이나 출혈성 질환이 있는 사람은 사용을 피한다.

강황

薑黃, Turmeric

땅속에서 피어나는 금빛 파우더

카레 하면 생각나는 나라가 있다. 원조 카레를 맛볼 생각에 한가득 기대를 품고 인도로 떠난 적이 있다. 정말 인도 카레는 맛있을까? 향신료의 천국 인도는 가는 곳마다 노란색에서 빨간색 사이에 있을 법한 다양한 빛깔의 가루가 수북이 쌓여 있다. 색깔에 따라 향도 다르고 맛도 다르고 종류도 다르다. 하지만 한국에서 먹는 카레를 기대한다면 자칫 실망할 수도 있다. 인도에서 자생하는 강황은 우리나라에서도 많이 재배되고 있다. 옥수수 잎처럼 생긴 넓은 강황 잎들이 햇빛에 투과되어 눈부시게 반짝이는 광경을 보노라면 절로 감탄이 나온다. 수확철 자루 포대 한가득 오렌지빛을 자랑하며 담겨 있는 강황 뿌리를 보는 것도 소소한 즐거움이다. 강황 뿌리는 건조시킨 후 곱게 갈아서 요리에 넣어 먹는다. 향신료처럼 각종 요리에 1티스푼 넣거나 식후 물이나 우유에 꿀과 함께 1/2티스푼을 넣어 마셔도 좋다. 곱게 갈은 강황을 밥하기 전 밥솥에 한 스푼 정도 넣으면 치매를 예방하는 황금색 밥상이 된다. 강황의 노란색 성분은 커큐민(curcumin)이라 부르는 커리의 원료로, 인도인들은 하루에 대략 60~100밀리그램의 커큐민을 먹는다고 한다. 이 성분은 항암 효과가 뛰어나고 뇌 속 플라크(기억력을 감퇴시키는 독성 단백질)의 축적을 억제하여 치매를 예방한다. 이는 알츠하이머, 파킨슨병을 치료하는 데 도움을 준다. 속명인 '쿠르쿠마(Corcuma)'는 향신료 사프란을 부르던 로마어 '코르쿰(Korkum)'에서 유래된 말이다. 인도 경전 『베다(Veda)』에 따르면 강황은 순수함과 깨끗함을 상징한다. 그래서 인도 전통 결혼식에서는 신랑과 신부의 얼굴과 손에 강황 반죽을 바르는 '할디(Haldi)' 의식이 있다. 중국에는 강황이 7세기쯤 전해진 것으로 추정하는데, 『세종실록지리지(世宗實錄地理志)』와 『동국여지승람(東國輿地勝覽)』의 기록을 통해 우리나라에는 중국으로부터 불교와 함께 전파된 것으로 추정한다. 봄이 되면 강황의 긴 줄기에서 흰색, 분홍색의 꽃이 긴 연꽃처럼 올라온다. 강황의 꽃은 생식력이 없어 씨앗을 만들어내지는 못한다. 대신 강황은 싹이나 눈이 올라온 근경(뿌리)으로 번식한다. 크고 튼실한 뿌리는 식용이나 약용으로 사용하고 작은 뿌리는 모아서 다음해 봄 흙으로 다시 돌려보내주자. 강황은 덥고 습하며 유기질이 풍부한 비옥한 토양을 좋아한다. 화분에서도 잘 자라므로 황금빛 뿌리가 달린 난쟁이 옥수수 잎을 구경하고 싶다면 베란다에서 한번 키워보길 권한다. 간혹 울금을 강황과는 다른 식물이라 하는데 이는 한 식물에서 부위에 따라 명칭을 달리한 것으로 근경(뿌리줄기)을 강황, 괴근(덩이뿌리)을 울금이라 한다.

· 생강과 강황속 여러해살이 식물로 인도에서 자생
· 식물학명: *Curcuma longa*
· 키: 1미터
· 꽃 피는 시기: 4~6월
· 특징: 수확한 주황 뿌리는 뜨거운 수증기로 찐 뒤 수분이 제거될 때까지 바짝 말린다.
　　　　건조한 뿌리를 갈아 밀폐용기에 보관하면 2~3년간 사용할 수 있다.

금어초

金魚草, Snapdragon

그 매력은 꽃이 지고 시작된다

금붕어를 닮은 꽃들이 기다란 꽃대에 벼이삭처럼 주렁주렁 달려 있다. 줄기는 풍성한 꽃의 무게를 견디지 못하고 이내 쓰러질 것만 같다. 꽃의 모양이 금붕어가 입을 벌린 모습을 닮아서 '금어초(金魚草)'라 하는데, 서양에서는 용의 입매와 비슷하다고 하여 '스냅드래곤(Snapdragon)'이라 불린다. 비교적 추위에 강한 금어초는 서리가 내린 후에도 정원을 환하게 밝혀주는 식물이다. 가을의 끝자락까지 노란색, 분홍색, 빨간색 등 여러 가지 색의 꽃을 피우기 때문이다. 꽃이 지면 작은 씨방들이 점점 무르익어간다. 익어가는 씨방의 모양이 섬뜩하게도 해골을 닮아 '해골꽃'이라 불리기도 한다. 이 음산한 모습 때문인지 씨방이 달린 금어초의 줄기는 악귀를 물리치는 데 사용되거나 스릴러, 공포 영화에서 비극을 암시하는 소재로 사용되어왔다. 화려함과 아름다움과 신비로움의 세 가지 매력을 모두 겸비한 금어초는 관상용으로 정원 화단에 많이 심는다. 로마 시대에는 정원수로 많이 재배되었는데 화려했던 로마 제국의 모습과 제법 잘 어울렸을 듯하다. 추위에 강해 가을에 파종하면 4~5월에, 봄에 파종하면 6~11월에 꽃을 볼 수 있다. 해골 모양의 씨방들이 여물면서 씨앗들이 땅에 떨어지기도 하는데 이 씨앗들은 겨우내 추위를 이겨내고 다음해 봄 싹을 틔운다. 허브는 일반적으로 물 관리가 제대로 되지 않으면 병충해를 입기 쉽다. 하지만 금어초는 진딧물 발생에만 주의한다면 관리가 어렵지 않아 실내 화분에서도 잘 키울 수 있다. 집에서도 간단히 만들 수 있는 진딧물 퇴치 천연농약을 소개한다. 물 20리터에 달걀노른자 1개와 식용유 60밀리리터를 넣고 잘 섞어 물뿌리개에 넣으면 된다. 진딧물이 잘 발생하는 식물의 잎뒷면, 줄기 등에 뿌려준다. 달걀노른자 외에도 진딧물 예방에 좋은 천연재료로는 마요네즈, 계핏가루, 할미꽃전초가 있다. 천연농약은 일주일에 한 번씩 주기적으로 뿌려주는 것이 좋다. 금어초의 열매는 오일로 만들어 사용하고 꽃과 잎은 식용이나 약용한다. 꽃은 종양, 종기, 치질 등 염증에 효과적이다. 독성이 없어 샐러드나 칵테일, 술 등에 담가 먹기도 하고 염료의 재료로도 사용한다.

· 통화식물목 현삼과 여러해살이 식물로 지중해에서 자생
· 식물학명: *Antirrhinum majus*
· 키: 50~100센티미터
· 꽃 피는 시기: 5~11월
· 특징: 화분에서도 잘 자라지만 겨울 추위에 약하니 겨울에는 실내로 옮겨주자.

꽃의 구조

씨앗

란타나

Lantana

일곱 가지 색, 일곱 가지 매력

여러 모양의 마디들이 서로 연결되고 결합되어 하나의 몸을 이루듯 분홍색, 흰색, 노란색, 주황색, 붉은색, 자주색 등 각기 다른 색깔의 작은 꽃들이 연결되고 결합되어 하나의 꽃으로 피어난다. 사랑 안에서 함께 조화를 이루어가 듯 화합 안에서 새로운 아름다움을 만들어가는 허브 란타나. 시간의 흐름에 따라 이 색의 멜로디가 일곱 번 변한다 고 하여 란타나를 '칠변화(七變花)'라 부르기도 한다. 란타나 주변은 늘 날갯짓을 하며 모여드는 나비들로 붐빈다. 아름다운 매력에 더해 상큼하고 달콤한 향기를 지녔기 때문이다. 나비 정원을 조성하고 싶다면 란타나를 꼭 심어 두자. 원래 아메리카 열대 지역에서 잡초처럼 퍼져 자라던 이 식물은 생명력이 강해 해발 2,000미터 산에서도 발 견되는데, 독일의 탐험가에 의해 처음 유럽으로 퍼지기 시작했고 그 후 아시아 등 전 세계로 전파되었다. 실내에 서 키울 경우 1년 내내 꽃을 피우기 때문에 관상용으로도 가치가 있다. 1년에 일곱 번 빛깔이 변하는 꽃을 감상하 며 자연의 신비로움을 느껴보는 것도 색다른 행복을 선사할 것이다. 다만 반려동물을 키우는 가정에서는 동물들 이 란타나를 먹지 않도록 꼭 주의해야 한다. 란타나의 잎, 꽃, 열매에는 독성이 있기 때문이다. 독성은 미성숙한 열 매에 더 많이 들어 있다. 열매가 성숙하면서 독성이 점점 없어지기는 하지만 동물들에게는 치명적이다. 소량의 섭 취는 구토나 설사 정도로 끝나지만 다량을 먹을 경우 죽음에까지 이를 수 있다. 그래서 가축사육장에서는 절대 키 우지 말아야 할 잡초로 취급된다. 하지만 소량의 독성은 인체에 약이 되기도 한다. 과거 브라질 원주민들은 란타나 잎을 해열이나 구풍 등을 치료하는 데 사용했다. 독성에 항균, 살충 효능이 있어 상처 입은 피부 등에 도움을 주기 때문이다. 오늘날에는 란타나 오일을 추출하여 약용하기도 한다. 성장력이 빨라 화분에 심어도 가지를 무성하게 뻗으며 자라난다. 번식은 주로 꺾꽂이로 한다.

· 마편초과 란타나속 관목으로 중앙, 남아메리카에 자생
· 식물학명: *Lantana camara*
· 키: 1~2미터
· 꽃 피는 시기: 1년 내내
· 특징: 생명력 강해 척박하고 건조한 땅에도 잘 자라지만 5℃ 이하로 내려가는 추운 곳에서는
　　　잘 자라지 못하니 가을철 서리가 내리기 전에 실내로 옮겨주는 것이 좋다.

매리골드

Marigold

죽은 자를 기념하는 향기

눈에 보이는 세계와 빛에 대한 묘사를 색채의 변화를 통해 정확하며 주관적 관점으로 표현하는 인상주의 화가들, 그 가운데 제인 피터슨(Jane Peterson, 1876~1965)이 있다. 그녀의 초창기 작품에는 유난히 꽃 그림들이 많은데, 그 중 파란 화분에 담긴 화려한 빛깔의 매리골드가 눈에 들어온다. 풍부한 색감과 대담한 붓 터치는 가을 햇볕에 반사되어 빛에 반짝이는 매리골드의 매혹적인 아름다움을 잘 보여준다. 매리골드는 종에 따라 색과 모양이 다양하다. 아름다운 색과 모양도 매력적이지만 매리골드의 진정한 매력은 향기에 있다. 멕시코의 최대 명절인 '죽은 자의 날'이면 무덤 주위와 길가 곳곳에 매리골드가 가득 심긴다. 아마도 코끝을 자극하는 매리골드의 진한 꽃향기로 죽은 자를 애도하는 것이 아닐까 생각한다. 반면 고대 연인들 사이에서는 매리골드가 사랑의 표현으로 사용되기도 했는데, 매리골드를 잘 꼬아 만든 화환으로 프러포즈를 받으면 뭇 사람들의 부러움과 질투의 시선을 한껏 받게 되었다고 한다. 매리골드는 개량종이 많아 그 종을 구분하기가 쉽지 않다. 일반적으로 매리골드가 전 세계로 퍼지면서 아프리카에서 자리 잡은 아프리칸매리골드(African Marigold)를 천수국(千壽菊), 유럽에서 자리잡은 프렌치매리골드(French Marigold)를 만수국(萬壽菊)이라 부른다. 아프리칸매리골드는 꽃잎이 풍성한 겹꽃 형태이고 프렌치매리골드는 작은 두상꽃차례 형태를 띤다. 금잔화라 불리는 남유럽 원산지의 카렌둘라(*Calendula officinalis*)는 화려한 매리골드의 꽃과 잎 모양에 비해 정숙하고 단아한 모양인데 그 향이 진해 나비들이 즐겨 찾는다. 오렌지에 가까운 진 노란색 꽃이 피는데 매력적인 향기 덕분에 국내에서는 정원수로 유명하지만 고대 그리스, 로마 시대에는 식용, 약용, 염료, 화장품의 원료로 재배되었던 허브다. 가을이 되면 우리 농장에도 매리골드가 가득하다. 성장력이 좋아 토양이 비옥하고 물 빠짐이 좋으면 어느새 일반 성인의 허리춤까지 자란다. 사계절이 뚜렷한 우리나라에서는 서리가 내리면 말라 죽는 한해살이 식물로 자라지만 꽃 한 송이에 들어 있는 수십 개의 씨앗이 땅에 떨어지며 이듬해 봄 무성이 자라나는 새싹을 볼 수 있다. 한 그루에서만 수백 송이의 꽃이 피어나니 그 번식력이 얼마나 강한지 짐작할 수 있을 것이다. 매리골드를 뜨거운 물에 넣으면 물빛이 진한 황금색으로 변한다. 노란 색소에는 루테인 성분이 많아 눈에 좋다. 고대에는 매리골드를 우려낸 물로 눈을 세안하거나 허브티로 마셨다. 상처 치료에도 효능이 있어 벌에 쏘이거나 사마귀가 난 곳에 우려낸 물을 발라 치료하기도 했고, 회음부 이완에 효과적이라 좌욕제로도 사용되었다.

· 국화과 천수국속 여러해살이 식물로 멕시코에서 자생
· 식물학명: *Tagetes patula*
· 키: 40~90센티미터
· 꽃 피는 시기: 봄, 가을
· 특징: 꽃은 약간 쌉싸래한 맛이 나지만 향이 진하고 향기로워 샐러드에 넣어 먹는데 화사한 색감만으로도 아름다운 요리가 된다.

아프리칸매리골드

프렌치매리골드

씨앗

카렌둘라

맨드라미

Cockscomb

못다 한 사랑 검붉게 피어올라

맨드라미는 꽃의 모양이 수탉의 벼슬을 닮았다 하여 영어로 '콕스콤(Cockscomb)', 한자로 '계관화(鷄冠花)' 또는 '계두화(鷄頭花)'로 불린다. 그래서일까. 맨드라미를 가만히 보고 있으면 농장에서 가족을 위해 힘겹게 잡은 닭 모가지를 비틀던 아버지의 뒷모습이 떠오른다. 로마 시대 간신들의 모함으로 대역죄 누명을 쓰고 죽음을 맞이한 어느 장군의 이야기도 떠오른다. 충직한 그가 죽은 자리에서 한 송이의 붉은 맨드라미가 불타는 듯 피어올랐다고 한다. 가족에 대한 사랑, 왕에 대한 신하의 충성심과도 이어지는 맨드라미의 꽃말은 '타오르는 사랑'이다. 맨드라미의 타오르는 붉은 꽃 모양을 두고 오늘날 작가들은 예술적 고통, 우울함, 성찰, 욕망 등 삶의 감정들을 대변하기도 한다. 고려 시대 시인 이규보는 『동국이상국후집(東國李相國後集)』에서 우리네 짧은 인내심과 끈기 없는 태도를 거친 바람과 소나기, 서리 내린 후 매서운 추위도 꿋꿋이 이겨내며 피는 강인한 맨드라미 꽃과 비교하며 묘사했다. 꽃의 생김새에 따라 주먹맨드라미, 촛불맨드라미, 닭벼슬맨드라미 등으로 구분되는데 주황색, 빨간색, 분홍색, 노란색 등 다양한 색깔을 가지고 있다. 그중 주먹맨드라미가 식용 및 약용으로 사용된다. 크기는 주먹만 하며 사람의 주름진 뇌를 닮았다 하여 붙여진 이름이다. 잎에는 시금치 같은 향미가 있어 중서부 아프리카에서는 주먹맨드라미의 어린잎과 줄기를 채소처럼 조리해 먹었다. 우리 옛 선조들도 주먹맨드라미 꽃을 찹쌀반죽에 넣고 지져 맨드라미 화전을 만들어 먹고는 했다. 주먹맨드라미의 작고 검은 씨앗에는 불포화지방산 함유량이 높고 비타민 B3와 니코틴산이 풍부하다. 한방에서는 백내장 같은 안과질환에 사용하는 약재이기도 하다. 꽃과 잎은 건조시켜 각종 요리나 허브티로 먹는데 여성의 생식기, 자궁 출혈에 좋은 효능을 가지고 있다. 번식은 씨앗으로 하고 관리가 쉬워 이른 봄 씨앗만 뿌려주면 늦가을까지 피어나는 꽃을 맘껏 감상할 수 있다. 이 외에도 개량종인 촛불맨드라미가 있다. 키가 작고 뾰죽한 꽃의 끝부분이 정말 촛불을 닮았다. 여기에 노란색, 분홍색, 빨간색 등으로 강렬한 색감이 촛불의 이미지를 더한다. 촛불맨드라미는 식용은 불가능하지만 관상용으로 키울 경우 확실한 인테리어 효과를 얻을 수 있다. 닭벼슬맨드라미와 주먹맨드라미가 키가 커서 부담스럽다면 촛불맨드라미를 베란다나 테라스에 관상용으로 심어보자. 햇빛이 잘 드는 양지에서 잘 자라고 토양이나 물 관리가 수월하다.

· 비름과 맨드라미속 한해살이 식물로 인도, 동남아시아에서 자생
· 식물학명: *Celosia cristata*
· 키: 30~40센티미터(촛불맨드라미), 90~120센티미터(주먹/닭벼슬맨드라미)
· 꽃 피는 시기: 7~11월
· 특징: 5~7월에 파종하면 일주일 뒤에 싹을 틔우고 약 2개월 뒤면 꽃이 핀다.
　　　건조해도 잘 자라며 고온에 강하다.

닭벼슬맨드라미

주먹맨드라미

촛불맨드라미

알로에

Aloe

사막에서 피어나는 불멸의 겔

알로에의 '알로에 베라(Aloe vera)'라는 학명은 1768년 4월 6일 식물학자 N. L. 버만(N. L. Burman)이 처음 발표함에 따라 붙여졌다. 그런데 버만이 10일만 늦게 발표했어도 알로에의 학명은 알로에 베라가 아니라 알로에 바르바덴시스(Aloe barbadensis)라고 지어질 뻔했다. 식물학 명명법 원칙에 따라 최초 발표된 이름에 우선권을 주기 때문이다. '알로에 바르바덴시스'라는 학명을 발표했던 식물학자는 탐험가이자 런던 첼시피직가든의 수석정원사 필립 밀러(Philip Miller)였다. 일부 책에는 간혹 그 시기를 혼동해 알로에 베라가 알로에 바르바덴시스로 분류되어 있다. 알로에는 고대부터 '불멸의 약초'라 불리며 치료 목적으로 많이 재배되던 식물이다. 알로에를 기록한 가장 오래된 문서로는 기원전 2200년 메소포타미아 지역에 살던 수메르 문명의 설형문자 점토판이 있다. 그 안에는 알로에가 '칼날 자국을 닮은 잎'으로 묘사되어 있고 설사와 소화 작용에 좋은 치료제로 사용되었다고 적혀 있다. 이집트인들은 기원전 1552년 파피루스 의학서(Codex Ebers)에 알로에를 외용 및 복용하며 몸을 치료했다고 기록했다. 지금은 전 세계로 퍼져 자라고 있지만 신대륙이 개척되기 전 알로에는 중동과 지중해, 아프리카의 뿔(The Horn of Africa)이라 불리는 아프리카북동부의 10개 지역에 걸쳐서 자생했다. 알로에에 들어 있는 맑은 점액성 겔은 피부 상처와 화상을 진정시키고 회복시켜주며 감염까지 막아주는 효과가 있어 상처 입은 병사들에게 좋은 치료제 역할을 했는데, 그리스 철학자 아리스토텔레스는 더 많은 알로에를 얻기 위해 알렉산더 대왕에게 아프리카 지역을 점령하자고 설득했다고 한다. 알로에는 피부 미용에도 탁월하다. 이집트의 클레오파트라는 자신의 미모를 가꾸기 위해 매일 알로에 겔로 피부 마사지를 했다고 전해진다. 알로에는 백혈구 숫자를 늘려서 면역력을 높이고 항암에도 도움을 준다. 또한 혈당 수치를 낮춰줘서 당뇨병 환자가 꾸준히 먹으면 좋다. 특히 상처가 잘 아물지 않는 당뇨병 환자들의 상처 부위에 알로에를 바르면 도움이 된다. 열대 기후에서 자생하던 알로에는 우리나라에서는 실내에서 잘 자란다. 겨울에서 봄까지 긴 꽃대에서 노란색과 주황색 꽃들이 총상꽃차례로 달리는데 피어나는 생김새가 이국적이라 이색적인 인테리어 효과를 낼 수 있다. 알로에를 번식시키고 싶다면 간단하다. 아래쪽에 자라는 잎을 꺾어 화분에 묻어주면 된다. 물은 많이 주지 않아도 잘 자란다. 알로에를 화분에 심어 햇빛이 잘 드는 거실 창가에 놓고 피부가 손상되거나 변비가 심할 때 잘라서 사용해보자.

· 백합과 알로에속 여러해살이 식물로 북아프리카, 지중해, 중동에서 자생
· 식물학명: Aloe vera
· 키: 90센티미터~9미터
· 꽃 피는 시기: 7월(자생지). 겨울에서 봄으로 이어지는 때(그 외 지역).
· 특징: 4년 이상 성숙해야만 꽃이 핀다.

위치하젤

Witch Hazel

낙엽이 떨어지면 빛나는 아름다움

깊은 숲속에서 자라는 키 작은 위치하젤. 초록빛이 왕성한 여름이 오면 위치하젤은 다른 나무들에 가려져 찾기가 쉽지 않다. 하지만 낙엽이 우수수 떨어지는 가을이 오면 앙상한 나뭇가지들 사이로 노란색 색종이를 잘라 붙여놓은 듯 보이는 꽃망울들이 하나둘씩 피는 모습이 인상적이다. 구겨놓은 긴 종잇조각을 닮은 네 장의 꽃잎으로 이루어진 위치하젤의 꽃은 추운 12월이 되면 만개하는데 그 모습이 '겨울의 벚꽃' 같다. 하마멜리스(*Hamamelis*)속에 속하는 위치하젤은 지구상에 4종이 있다. 종마다 향과 꽃의 색깔이 조금씩 다른데 붉은색 꽃을 피우는 버널위치하젤(Vernal Witch Hazel)의 꽃향기가 제일 강한 편이다. 영어로 위치하젤(Witch Hazel)의 '위치(Witch)'는 '마녀(witch)'가 아니라 앵글로색슨어로 '구부러진 모양'이라는 뜻을 가진 'wych(위치)'에서 유래되었다. 이는 자생지인 북아메리카 원주민들의 주술적 전통의식과 깊은 관련이 있다. 원주민들은 꽃이 핀 위치하젤의 구부러진 모양의 가지를 잘라 주술봉으로 만든 후 점을 치거나 땅속 지하수나 광물 등을 찾곤 했다. 속명 '하마멜리스(*Hamamelis*)'는 그리스어로 '열매와 함께(together with fruit)'라는 뜻을 가지고 있다. 이는 위치하젤의 꽃이 전년도에 생긴 열매가 다 여물어갈 때쯤 피어나서 붙여진 것이다. 오래전 원주민들은 살균 효과가 뛰어난 위치하젤의 나무껍질과 잎을 뜨거운 물에 넣고 끓여 주기적으로 마시면서 호흡기 계통의 염증을 가라앉히는 데 사용했고, 목욕할 때나 잠잘 때, 심한 두통이 있을 때 뜨거운 물에 위치하젤을 넣고 그 수증기를 마셨다. 또한 잎을 끓인 후 졸여서 근육통, 타박상 부위에 바르기도 했다. 신대륙을 탐험했던 유럽인들은 원주민들이 위치하젤을 이처럼 다양하게 사용하는 것을 보고 유럽으로 가져가 상업적으로 연구하기 시작했다. 오늘날 위치하젤의 잎, 나무껍질, 잔가지 등을 추출하여 만든 트러블 피부 전용 화장품이 많이 판매되고 있다. 위치하젤은 낙엽성 관목으로 키가 3~9미터 정도로 작다. 경사진 절벽이나 건조한 숲에서 자생하기 때문에 재배보다는 야생으로 자란 것을 벌목하여 사용한다. 봄에 꽃이 피고 잎이 풍성해지는 다른 나무들과 달리 낙엽이 지는 늦가을부터 은은한 향을 풍기며 피어나기 시작하는 이 신비한 노란 꽃을 보기 위해 많은 사람들이 미국 중동부 산림 지대를 찾는다.

· 하마멜리스속 관목 식물로 북아메리카 동부에서 자생
· 식물학명: *Hamamelis virginiana*
· 키: 3~9미터
· 꽃 피는 시기: 9~12월(버르기니아나 종), 1~3월(그 외 종)
· 특징: 다량으로 섭취할 경우 소화 불량, 신장, 간 손상을 일으킬 수 있다.
　　　부식토가 풍부하고 배수가 잘되는 약산성 토양에서 잘 자란다.

임파첸스

Impachens

나의 사랑은 당신보다 깊다

'아프리카봉숭아'라고 불리는 임파첸스는 아프리카 열대 지역이 자생지인 여러해살이 식물이다. 만지면 금방이라도 찢어질 것 같은 가녀린 꽃잎들은 어릴 적 내가 좋아했던 솜사탕처럼 부드러워 농장에서 일하는 순간순간 연신 따 먹게 된다. 여름이면 할머니네 집 앞마당에 피어 있는 빨간 봉숭아꽃들이 떠오른다. 예쁜 꽃을 보는 것도 좋았지만 그 꽃잎을 한 아름 따서 백반과 함께 빻는 것이 색다른 즐거움이었다. 곱게 빻은 빨간 봉숭아를 조금씩 떼어 손톱 위에 도톰하게 올린 뒤 비닐로 싸매고 실로 칭칭 동여매어두고 하루만 자고 일어나면 손톱이 곱게 물들여진다. 첫눈이 오기 전까지 봉숭아물이 그대로 남아 있으면 첫사랑이 이루어진다는데, 내 손톱의 발육은 왜 그렇게 빠른지 항상 첫눈이 오기 전에 다 잘려지고 말았다. 아프리카 원주민들은 봉숭아꽃을 손톱 대신 피부에 문신을 새기거나 머리를 염색하는 데 사용했고, 잎과 줄기를 삶아 졸여서 벌에 쏘이거나 벌레에 물렸을 때 상처에 발라 치료하기도 했다. 또한 뱀의 침범을 막기 위해 집 앞 구석구석에 심었는데 이 꽃에서 뱀이나 벌레들이 싫어하는 향기가 나기 때문이다. 임파첸스는 열대 지방에서 자생하던 식물이기 때문에 추운 겨울에는 실내로 옮겨주어야 1년 내내

꽃을 볼 수 있다. 생육 적정 온도는 20~25℃인데 10℃ 이하가 되면 잘 자라지 못한다. 고온과 과습에도 약해서 무더운 여름과 장마철에 실내로 옮겨주고 통풍을 잘 유지시켜줘야 한다. 시원한 반음지에서도 잘 자란다. 꽃잎은 베고니아처럼 부드러운데 물에 약하기 때문에 비를 맞으면 금방 상해버리고 만다. 물을 줄 때 꽃잎에 물이 닿지 않도록 흙에만 뿌리는 저면관수(底面灌水)를 권한다. 30~60센티미터 정도밖에 자라지 않는 키 작은 임파첸스는 위보다는 옆으로 번져 자라기 때문에 넓은 화분에 심는 것이 적당하다. 번식은 꺾꽂이나 씨앗으로 가능하다. 이른 봄에 뿌린 씨앗은 발아력이 좋아 금방 싹을 볼 수 있고 늦봄부터 가을까지 온도만 맞으면 1년 내내 분홍색, 흰색, 주황색 등의 꽃이 피는 것을 계속 볼 수 있다. 임파첸스는 그 꽃을 비빔밥이나 샐러드 등 각종 요리에 넣어 먹는다. 1930년대 영국의 저명한 의학박사 바흐(Edward Bach, 1886~1936)가 만든 38가지의 꽃 치료법에 따르면 임파첸스 꽃은 신경과민에 처방되어 있다. 성숙해진 임파첸스 열매는 손으로 건드리기만 해도 톡 터지기 때문에 '터치미낫(Touch Me Not)'으로 불린다. 약한 자신을 보호하기 위해 공격을 받자마자 자신의 아이들을 세상 밖으로 보내는 것, 어떻게 보면 가장 현명한 번식법이 아닐까.

· 봉선화속 여러해살이 식물로 아프리카 동부에서 자생
· 식물학명: *Impatiens walleriana*
· 키: 30~60센티미터
· 꽃 피는 시기: 1년 내내
· 특징: 넓은 화분에 심어 실내에서 키우면 1년 내내 꽃을 볼 수 있다.

한련화

Nastertium

친구들을 보호하려 하늘 높이 치켜든 방패

잎자루에서 우산살처럼 퍼진 잎맥의 모양은 우산 같기도 하고 연잎이 떠오르기도 한다. 트로이 전사들이 흘린 피 위에 이 식물이 자라났다는 전설이 있다. 잎은 방패 모양, 꽃은 투구를 닮았다. 땅속 친구들을 보호하려는 듯 하늘 높이 치켜든 방패를 닮은 잎 사이사이 적군에게 들키지 않게 화려한 색으로 치장한 투구 모양의 꽃이 피어 있다. 투구의 색은 주황색, 노랑색, 흰색, 빨간색, 자주색, 크림색 등으로 다양하다. 색이 섞인 하이브리드 품종도 있는데 마치 꽃잎에 물감을 찍어 바른 듯 무늬가 아름답다. 질리지 않는 꽃향기 역시 매력적이다. 남아메리카 안데스 산맥 일대에서 덩굴 식물로 자생하던 한련화는 추위에 약해 겨울은 잘 버티지 못하지만 날씨가 따뜻하면 성장력이 강해진다. 줄기의 마디마디에 생장점이 있어 잘라도 잘 죽지 않는다. 너무 길다 싶은 줄기들을 잘라 다른 화분에 심어주면 어느새 새로운 친구들을 만나볼 수 있다. 간혹 줄기가 너무 왕성하게 자라나 비닐하우스 등 주변 시설물에 피해를 줄 수 있기 때문에 한련화를 키울 때는 지지물을 꼭 세워주는 것이 좋다. 지지물에 따라 다양한 자태로 자라나는 한련화를 감상할 수 있는 것도 이 식물이 가진 매력이다. 영어 이름 '나스터튬(Nastertium)'은 '코를 비틀다'라는 의미를 가지고 있다. 코가 비틀어질 정도로 매운 무맛이 나는 한련화의 특성을 잘 보여주는 이름이다. 향기로운 꽃향기와 함께 입 안 가득 퍼지는 한련화의 맛은 어느 요리와도 잘 어울린다. 또한 다채로운 꽃의 향연은 식탁을 컬러풀하게 채색해준다. 한련화 꽃을 비빔밥, 파스타, 샐러드, 스테이크 위에 올려놓고 요리를 마무리해보자. 잎은 삼겹살이나 소고기를 먹을 때 쌈채소와 함께 곁들여 먹으면 육류의 풍미를 더해준다. 꽃이 지면 그 자리에 콩알만 한 열매가 자라나는데 자세히 보면 3개의 씨앗이 함께 붙어 있다. 씨앗은 갈아서 향신료로 사용한다. 씨앗도 매운맛이 강한데 후추가 맞지 않는 사람들은 후추 대신 한련화 씨앗을 사용하기도 한다. 씨앗을 통째로 피클에 넣어먹는 것도 좋은 방법이다. 아름다움, 향기, 맛을 두루 갖춘 한련화는 효능도 뛰어나다. 항균, 항염증, 항암에 도움을 주고, 그 잎과 꽃 100그램을 1리터 물에 넣고 끓여 두피를 세척해주면 모발 성장에도 좋다. 한련화는 16세기 페루에 금을 캐러간 스페인 사람들이 금과 함께 가지고 나오면서 전 세계에 퍼졌다고 한다. 지금도 여전히 우리에게 아름다운 향기와 건강을 선사하는 이 식물은 어쩌면 금보다 더 값진 보물이 아닐까.

· 한련과 덩굴성 한해살이 식물로 페루, 브라질에서 자생
· 식물학명: Tropaeolum majus
· 키: 생육 조건이 잘 맞으면 끝없이 덩굴을 뻗어간다.
· 꽃 피는 시기: 4~11월(서리 내리기 전)
· 특징 : 화분 크기에 따라 크기가 달리 자란다.
    실내에서 키울 시 1년 내내 꽃을 볼 수 있다.

All That Herb

자연은 그것을 사랑하는 사람을
결코 저버리지 않는다.

— 윌리엄 워즈워스

Aloysia triphylla
Pelargonium graveolens
Malva sylvestris
Zinnia elegans
Begonia grandis
Mentha spicata
Echinacea purpurea
Origanum vulgare
Torenia fournieri
Dianthus chinensis

레몬버베나

Lemon Verbena

레몬나무 대신 레몬버베나

레몬버베나는 1767년 프랑스 탐험대 루이 부갱빌(Louis Antoine de Bougainville, 1729~1811)이 식물학자 필리베르 코메르송(Philibert Commerson, 1727~1773)과 함께 남아메리카를 탐험하다 발견하여 유럽에 알려지기 시작했다. 레몬버베나의 속명 '알로이시아(*Aloysia*)'는 스페인 공주의 이름(Maria Louisa)에서 따왔다. 아름다운 공주가 연상될 정도로 매력적인 향기를 가졌기 때문일까. 스페인에서는 레몬버베나를 '공주의 식물'로 부르며 귀하게 여긴다. 시트로도라(citrodora)라고 부르기도 하는 종명 '트리필라(*triphylla*)'는 줄기에서 돌려 자라나는 세 장의 잎이 큰 삼각형의 형태를 이룬 모습에서 유래되었다. 농장을 거닐다 보면 머리까지 전율되는 상큼한 레몬향에 나도 몰래 발길을 멈춘다. 어느덧 자라난 키가 비닐하우스 천장 로프를 훌쩍 넘어섰다. 레몬버베나는 자생지에서는 10미터 정도로 크게 자라는 거대한 나무다. 추위를 견디지 못하는 특성 때문에 기후가 안 맞는 우리나라에서는 온실이나 실내에서 키워야 하는데 화분 크기나 천정 높이에 따라 1~3미터까지 자란다. 쑥쑥 자라는 키 때문에 잘라줘야 하는 가지들의 양도 만만치 않다. 화분에서 키울 때는 실내 통풍이 잘되는 곳에 놓고 키우는 것이 좋다. 건조한 곳을 좋아하니 물은 자주 주기보다 바짝 마를 때 한 번씩 주는 것이 좋다. 여름에 연한 분홍색의 작은 원추화가 피어나는데 꽃이 피기 직전이 향기가 제일 강하다. 잎은 건조시켜도 강한 레몬향이 남아 있어 허브티로 많이 사용된다. 그 향기가 수년간 남아 있어 건조시켜 분말을 향신료로 사용하기도 한다. 빠르게 성장하는 봄, 가을철에 잎을 수확하고 말려 보관했다가 비타민이 부족한 겨울철 식사 전후에 허브티로 마실 수 있다. 혹은 잘게 썬 잎 반 컵과 설탕 2컵을 술에 담가 레몬버베나 담금주를 만들어 먹을 수도 있다. 비타민이 풍부하여 항산화, 소화계 진정, 면역력 강화, 감기 등에 좋은 작용을 한다. 어린잎은 샐러드로 사용하고 육류, 닭고기, 생선 요리 등의 풍미를 높이는 향신료로도 쓴다. 살균 효과가 뛰어나 오일로 만들어 피부트러블, 헤어토닉, 네일케어로 사용하며 좋다. 건조시킨 레몬버베나를 목욕제, 포푸리, 베개 등에 넣어보자. 심신을 안정시키는 데 도움을 준다. 스페인에서는 향수의 재료로 사용하고, 아랍의 보석 모로코에서는 레몬차 대신 레몬버베나 잎을 우려낸 차를 식후에 마신다. 레몬처럼 신맛은 없지만 향기와 효능은 레몬만큼 강하다. 신맛을 싫어하지만 상큼한 레몬향을 좋아한다면 레몬버베나를 추천한다.

· 알로이시아속 여러해살이 목본으로 남아프리카에서 자생
· 식물학명: *Aloysia triphylla*
· 키: 1~10미터
· 꽃 피는 시기: 7~8월
· 특징: 너무 습한 환경에서는 온실가루이나 진딧물이 발생할 수 있으니 주의하자.

로즈제라늄

Rose Geranium

장미보다 더 매력적인 그대의 멜로디

비닐하우스 한구석에서 사계절 내내 조용하고 묵묵하게 아름다운 꽃을 피우는 허브가 있다. 작고 올망졸망한 분홍색 꽃에 와인빛 물감을 칠한 듯 매력적인 패턴 그리고 풍부한 향기까지 절로 탄성을 지르게 되는 로즈제라늄. 눈을 감고 잎과 꽃에 코를 대면 머리 가득 퍼지는 강한 장미향이 마치 장미 정원에 앉아 있는 듯한 착각이 들게 한다. 종명 '그라베올렌스(*graveolens*)'는 '강한 향기'를 뜻하는 라틴어에서 유래되었다. 로즈제라늄의 강한 향을 벌레들이 싫어해서 모기 퇴치제로 사용하기도 한다. 속명 '펠라르고늄(*Pelargonium*)'은 그리스어로 '황새'를 뜻하는 펠라고스(Pelargos)에서 유래되었는데 열매 모양이 마치 황새의 부리를 닮았다고 해서 붙여졌다. 우리가 알고 있는 로즈제라늄은 사실 펠라르고늄속의 한 종이다. 식물학자 칼 폰 린네(Carl von Linné, 1707~1778)가 제라늄속과 펠라르고늄속을 같은 속인 제라늄속으로 묶었지만, 1789년 샤를 레리티에르(Charles Louis L'Héritier, 1746~1800)에 의해 두 가지 속이 분리되었다. 이 두 꽃은 얼핏 보면 비슷해 보이지만 꽃잎의 모양이 다르다. 제라늄속은 꽃잎이 말로우처럼 모두가 똑같은 대칭 모양이다. 17세기경 유럽에 전해진 로즈제라늄은 그 아름다운 모습 때문에 많은 예술가들에게 사랑을 받아왔다. 유럽 보태니컬(허브) 트렌드를 주도했던 네덜란드의 일러스트레이터 잔 모닉스(Jan Moninckx, 1656~1714)도 그중 한 사람이었다. 그가 출간한 9권의 허브책 모닉스 시리즈에 소개된 허브들은 유럽 전역에 퍼져 상업적으로 영향력이 있는 허브들로 자리 잡았는데, 그 대표적인 허브로 로즈제라늄이 있다. 남아프리카에서 자생하던 로즈제라늄은 살균 효과가 뛰어나 염증 완화에 도움을 준다. 잎을 허브티로 약용하고 아름다운 꽃을 칵테일이나 샐러드를 장식하는 데 사용한다. 또한 로즈제라늄의 향은 기분을 좋게 만들어주는 매력이 있다. 식물에서 추출한 장미유 에센셜 오일은 상업적으로 매우 귀하게 거래되고 있으며 값비싼 화장품, 향수, 아로마테라피 등에 사용된다. 실내에서 키우면 방충 효과까지 얻을 수 있는 로즈제라늄, 1년 내내 향기로운 장미향을 맡고 싶다면 키워보길 권한다.

· 펠라르고늄속 여러해살이 식물로 남아프리카에서 자생
· 식물학명: *Pelargonium graveolens*
· 키: 30~60센티미터
· 꽃 피는 시기: 1년 내내
· 특징: 화분에 키우며 겨울에는 실내로 옮겨준다.
　　　물은 너무 많이 주지 말고 햇빛이 많은 양지에서 키운다.

말로우

Marlow

함께하는 이에 따라 변하는 빛깔

아름다운 색채와 무늬가 있는 아욱과라는 의미에서 '금규(錦葵)'라고 불리는 말로우는 품종에 따라 분홍빛과 진보랏빛 등 색깔이 다양하다. 꽃잎은 다섯 장이고 바탕에 짙은 자줏빛 무늬가 있다. 향기가 좋아 꽃이 피는 초여름이 되면 벌들이 많이 모여든다. 아름다운 꽃은 관상용으로도 인기가 높지만 인후염과 기침을 완화하는 효능이 있어 식용이나 약용으로 사용된다. 꽃을 생으로 샐러드에 넣어 먹거나 요리 장식으로 사용하기도 하고 허브티로 마신다. 허브티를 만들 때 함께 첨가되는 재료의 성질에 따라 그 색이 아름답게 변한다. 뜨거운 물만 부었을 경우에는 물의 색이 청색으로 변하고, 여기에 산성인 레몬을 넣으면 분홍빛으로 변한다. 소금기 가득한 바닷가 근처에서 자라는 말로우의 생육 특성상 식물 자체가 알칼리성이기 때문이다. 분홍빛으로 변한 말로우 허브티에 다시 알칼리성이 강한 소다를 넣으면 밝은 청색으로 변한다. 그리고 이 청색 허브티를 그대로 두면 시간이 흐르면서 공기 중의 산소와 반응해 점점 보라색으로 변한다. 허브티의 효능에는 아무런 변화가 없지만 시각적인 즐거움을 느낄 수 있어 즐겁다. 말로우 꽃에는 점액질과 안토시아닌, 타닌이 풍부한데 특히 뿌리에서 많은 점액이 추출된다. 이는 피부와 점막을 보호하고 소염 작용 효과가 있다. 그 외 소화기 계통이나 신경을 진정시켜주는 작용을 하기도 한다. 말로우 뿌리는 인류가 감자를 재배해 먹기 전 먹었던 작물이다. 뿌리 외에도 잎, 씨앗, 꽃을 약용한다. 어린잎을 건조시켜 차로 마시거나 생잎을 샐러드에 넣어 먹거나 조리해서 먹는다. 미성숙한 씨앗을 요리에 넣어 식용하기도 한다. 꽃은 말려 포푸리로 쓰고 가습기나 족욕에 넣어 피부 미용으로도 활용한다. 말로우는 햇볕이 잘 들고 배수가 잘되는 땅을 선호하며 키가 1~2미터로 크게 자란다. 추위에도 강한 편이다. 남부 지방에서는 추운 겨울에도 실외에서 재배되어 길러진다. 함께하는 것에 따라 변하는 말로우 빛깔처럼 사계절 따라 다채롭게 변하는 아름다운 자연이 있어 행복하다.

· 아욱과 여러해살이 식물로 지중해, 아시아, 우리나라의 울릉도에서 자생
· 식물학명: *Malva sylvestris*
· 키: 1~2미터
· 꽃 피는 시기: 7~9월
· 특징: 정원이나 텃밭에 키우는 것을 권한다.
　　　물이 마르지 않도록 주의하고 비료는 너무 많이 주지 않는다.

백일홍

Zinnia

기나긴 밤을 견디지 못하고 죽고 마는 꽃

향은 그리 강하지 않지만 화려한 모양과 색감이 강렬해서 관상용으로 많이 심는 백일홍의 꽃은 빨간색, 노란색, 분홍색 등으로 다양하다. 영어로는 백일홍을 '지니아(Zinnia)'라고 부르는데, 이는 백일홍을 처음 발견한 독일의 의학박사 요한 고트프리트 진(Johann Gottfried Zinn, 1727~1759)의 이름에서 따온 것이다. 백일홍이 우리나라에 들어온 지는 얼마 되지 않았지만 아름답고 강렬한 색채에 효능까지 좋아 꽃차소믈리에들에게 인기가 많은 허브다. 꽃을 보기 위해 키우는 허브들은 기온과 일장(해가 떠 있는 낮의 길이)을 잘 체크할 필요가 있다. 꽃이 피어나는 시기와 크기는 이 두 가지에 영향을 많이 받기 때문이다. 보통 낮의 길이가 12시간 이하일 때 피는 식물을 단일 식물이라 하고, 낮의 길이가 12시간 이상일 때 피는 식물을 장일 식물이라 한다. 백일홍은 낮의 길이가 12시간 이상일 때 개화는 더디지만 생육이 왕성해지고 꽃잎이 길어진다. 반면 낮의 길이가 12시간 이하일 때 꽃잎이 감소하고 꽃의 크기가 작아지며 점점 겨울로 갈수록 갈변과 함께 동사를 한다. 따라서 백일홍은 따뜻한 기후와 일장이 일정한 적도 부근에 위치한 멕시코 자생지에서 여러해살이 식물로 자랄 수 있는 것이다. 사계절 기온과 일장 변화가 뚜렷한 우리나라에서는 한해살이로밖에 살 수가 없고, 가장 적정한 생육 환경인 장일에서 단일로 넘어가는 여름에서 가을에 꽃이 제일 왕성하게 핀다. 그 기간이 어림잡아 100일이기 때문에 '백일 동안 핀다'고 해서 '백일홍'이라는 이름이 붙었다. 백일홍의 생육 적정 온도는 15~25℃이다. 백일홍은 자연에서 야생으로 교배가 잘 이루어지는데 그렇기 때문에 꽃의 색깔과 패턴, 크기가 크림색에서 보라색, 살구색 등에 이르기까지 다양하다. 이 많은 꽃대에서 주먹만 한 큰 꽃들이 대롱대롱 매달려 피기 때문에 정원에 키울 경우 간격을 어느 정도 넓게 두고 심는 것이 좋다. 백일홍은 소변을 잘 못 보는 통증, 몸이 냉한 기운, 미열, 이질 등에 좋다. 매해 가을마다 꽃을 채취하여 아홉 번 덖어 꽃차로 만드는데 뜨거운 물을 부으면 물 색깔이 맑은 다홍색으로 변하는 시각적인 아름다움도 함께 느낄 수 있다.

· 국화과 한해살이 식물로 멕시코에서 자생
· 식물학명: Zinnia elegans
· 키: 60~90센티미터
· 꽃 피는 시기: 6~10월(여름~가을)
· 특징: 정원에 심어야 잘 자라며 한 줄기에서 많은 꽃대가 올라와 넓게 퍼지면서 자란다.

베고니아

Begonia

강해 보이지만 속은 상처투성이

농장 한구석 키가 작아 허리를 구부려야 볼 수 있는 가녀린 베고니아 꽃들이 오밀조밀 피어 있다. 소녀의 발그레한 뺨처럼 수줍게 홍조를 띤 꽃잎은 왁스를 발라놓은 듯 빤짝이며 윤기가 난다. 그래서 베고니아를 '왁스베고니아(Wax Begonia)'라고도 부른다. 일본 원예학자 가모 모토데루가 육종한 품종으로 북한의 '김정일화'도 베고니아의 한 종류인데, 북한에서는 '불멸의 꽃'으로 불린다. 비가 많이 올 때면 이 가녀린 아이들이 걱정된다. 겉은 매끈하게 차려입어 강해 보이지만 속은 연약하여 조금한 공격에도 금방 상처를 입기 때문이다. 베고니아의 진정한 매력은 겉모습이 아니라 내면에 있다. 놀라울 정도로 상큼한 맛에 금세 중독되고 말기 때문이다. 봄부터 가을까지 주황색, 노란색, 빨간색, 흰색, 분홍색의 다양한 색깔의 꽃을 피우는데 팬지, 페튜니아, 매리골드, 제라늄과 함께 도시를 장식하는 '5대 길거리 꽃'에 속한다. 기후만 맞으면 1년 내내 꽃을 볼 수 있는 여러해살이 식물로 교배가 쉬워 1,500개가 넘는 변종과 교배종들이 많이 생겨났다. 종에 따라 색도 다양하고 꽃과 잎 모양도 다양한데 꽃을 관상하기 위한 꽃베고니아, 잎을 관상하기 위한 관엽베고니아, 1년 내내 꽃이 피는 사철베고니아, 뿌리가 구근으로 되어 있는 구근베고니아, 카네이션처럼 꽃잎이 겹겹이 쌓여 피기 때문에 지어진 겹베고니아 등이 있다. 따뜻한 날씨를 좋아

꽃베고니아

꽃봉오리

꽃(관상화)

수술

암술

씨앗

오레가노

Oregano

따뜻한 봄바람을 타고 오는 꿀벌들의 향기

'꽃박하'라고도 불리는 오레가노는 늦봄에 분홍색 혹은 연보라색 꽃을 피운다. 산들산들 불어오는 봄바람과 함께 긴 꽃대에서 둥글게 무리지어 피는 어여쁜 꽃들을 보면 이제 곧 여름이 오겠구나 짐작할 수 있다. 오레가노 꽃 주변에는 벌들이 참 많이 모여드는데 꿀벌들이 좋아하는 꽃향기에 꿀이 많아 밀원 식물로 사용된다. 오레가노 벌꿀은 항바이러스 효과 및 비타민 C, E가 풍부해 여성들의 피부 미용이나 노화 방지제로 쓰인다. 오레가노는 여러해살이 식물로 병충해가 없고 생명력이 강해 민트처럼 비닐하우스 안에서 키우기 쉬운 허브 중 하나다. 덥거나 습한 지역, 건조하고 추운 환경에서도 죽지 않고 잘 버틴다. 파종은 이른 봄(7℃ 이상)에 하는 것이 좋다. 토양은 거름기가 많이 없어도 잘 자라지만 물 빠짐은 좋아야 한다. 20~80센티미터로 자라는 작은 키에 잎과 줄기에는 하얀 솜털이 송송 나 있다. 야생마조람이라고 불릴 정도로 마조람과 비슷하게 생겼는데, 오레가노와 마조람은 모두 꿀풀과로 형제 관계다. 지구상에 러시안오레가노, 터키오레가노, 그릭오레가노, 시리아오레가노 등 50여 종의 오레가노가 있다. 그중 우리가 일반적으로 알고 있는 그릭오레가노가 적절한 매운맛과 풍미를 가지고 있어 요리에 가장 많이 사용된다. 라틴어로 학명 '오리가눔 불가레(Origanum vulgare)'는 '매운맛의 허브'라는 뜻이다. 이름 그대로 톡 쏘는 매운맛이 난다. 이 매운맛은 음식의 잡냄새를 잡아주고 풍미를 증가시켜 육류나 생선 요리 등 거의 모든 요리에 어울린다. 그리스 전통 음식 수블라키에 사용했다는 고대 문헌이 발견된 적이 있는데 지중해 주변 나라들은 오래전부터 거의 모든 요리에 오레가노를 넣어 먹었다. 오늘날 오레가노는 미국 피자나 멕시칸 케밥에 필수로 들어가는 허브가 되었다. 오레가노는 티몰 함유량이 높아 오래전부터 소독제와 방부제로 쓰여왔다. 뛰어난 항균 및 살균 능력으로 16세기에는 전염병 페스트 치료제로 쓰였고, 항산화 효과가 좋아 19세기에는 호흡기성 감기, 발열 등 면역력이 떨어진 체력 강장에 사용되었다. 또한 불면증에도 효과가 있어 잠자기 전 오레가노 오일이나 에센스를 뿌리면 깊은 숙면을 취할 수 있다.

· 꿀풀과 여러해살이 식물로 유럽 지중해, 서남아시아에서 자생
· 식물학명: Origanum vulgare
· 키: 20~80센티미터
· 꽃 피는 시기: 6~9월
· 특징: 꺾꽂이로 번식이 잘되고 화분에서도 잘 자라 키우기 쉽다.
　　　요리의 마지막에 넣고 살짝 익혀 향미를 증가시킨다.
　　　임산부나 영유아는 먹지 않는 것이 좋다.

물로 씨앗과 꺾꽂이로 번식하는데 물만 잘 준다면 관리도 어렵지 않아 키우기가 쉽다. 꽃은 봄부터 가을까지 총상꽃차례로 피어나며 색상은 분홍색, 보라색, 자주색, 노란색 등으로 다양하다. 임파첸스와 베고니아와 생육 환경이 비슷하기 때문에 함께 조합하면서 심어도 좋다. 심기 전 충분한 비료를 주고 햇빛을 좋아하니 양지바른 곳에 놓고 키우길 권한다. 일조량에 따라 꽃이 피는 양이 달라지고 흰가루병 등 병충해에 약하니 너무 습한 환경을 피하고 통풍을 잘 시켜줘야 한다. 꽃은 항산화 성분이 있어 노화 방지에 좋다. 꽃을 먹는 방법은 간단하다. 깨끗이 씻어 생으로 샐러드나 비빔밥에 올려놓고 먹으면 된다.

· 통화식물목 현삼과 한해살이 식물로 인도차이나반도에서 자생
· 식물학명: *Torenia fournieri*
· 키: 20~30센티미터
· 꽃 피는 시기: 5~10월
· 특징: 화분에 심어 기둥이나 파이프에 비스듬하게 매달아 수직 공간을 활용해보는 것도 좋은 방법이다.

패랭이

China Pink, Rainbow Pink

산과 들을 단아하게 수놓는 가녀린 지혜

꽃을 뒤집어 보면 옛날 신분이 낮은 사람들이 쓰던 갓(패랭이 모자)을 닮았다 하여 '패랭이꽃'이라 불리게 되었다. 영어로는 '중국의 분홍 꽃'이라 하여 '차이나핑크(China Pink)', 무지개처럼 다양한 패턴과 모양의 꽃을 피워낸다고 해서 '레인보우핑크(Rainbow Pink)'로 불린다. 속명 '디안투스(*Dianthus*)'는 라틴어로 '패랭이(diánthus)'를 말한다. 씨앗은 서리가 내리기 6~8주 전에 파종하는데, 보통 패랭이는 가을에 씨앗을 뿌려 어느 정도 저온을 경과해야 봄에 꽃이 피는 추파초로 추위에 강해 서늘한 늦가을과 겨울에도 실내에서 문제없이 꽃을 잘 피우는 허브다. 키는 종류에 따라 10~50센티미터 정도로 작지만 한 뿌리에서 여러 줄기가 나와 진분홍색, 흰색, 자주색 등 화려한 색과 패턴의 꽃을 피운다. 잎과 줄기가 너무 연약하여 진드기가 자주 발생하기 때문에 관리에 특히 신경을 써야 한다. 패랭이는 국화과 식물처럼 밤에는 꽃을 오므리고 낮에는 꽃을 활짝 피워내지만 사실 약용과 식용으로 많이 쓰이는 석죽과 식물이다. 석죽화(石竹花)라 불리는 패랭이 외에도 수염패랭이, 지면패랭이, 갯패랭이, 난쟁이패랭이, 술패랭이, 구름패랭이 등 종류가 참 다양하다. 지면패랭이는 벚꽃이 피는 3~4월에 많이 피는 종으로 따뜻한 봄기운을 받아 지면을 온통 분홍빛으로 수놓는다 하여 '지면패랭이'라고 불리게 되었다. 작은 키에 잔디처럼 번식력이 좋아 '꽃잔디'라고도 부른다. 패랭이의 씨앗은 딱딱한 것을 무르게 하는 효과가 있다. 이에 오래전 선조들은 목에 생선뼈가 걸렸을 때 패랭이꽃 씨를 달여 먹었다. 꽃은 찬 성질을 가지고 있어 열을 내리고 소변을 잘 보게 하는 이뇨 작용과 혈압을 낮춰주어 고혈압에 좋다. 잎, 줄기에는 염증을 치유하는 효능이 있다. 잎과 줄기를 물에 달여서 마시면 내장기관의 염증과 여성들의 월경불순에 효과가 있다. 치질에 패랭이 꽃잎과 줄기를 찧어 붙이거나 상처나 종기를 패랭이꽃 달인 물로 씻으면 염증이 완화된다. 패랭이를 달인 물로 얼굴을 씻으면 주근깨나 기미를 없애는 데도 도움이 된다. 그 외에도 패랭이 꽃을 깨끗하게 씻어 샐러드나 요리 장식으로 활용하면 독특한 패턴의 아름다운 요리가 완성된다.

· 석죽과 여러해살이 식물로 한국, 중국, 몽골에서 자생
· 식물학명: *Dianthus chinensis*
· 키: 10~50센티미터
· 꽃 피는 시기: 3~6월
· 특징: 상처 치료에 좋은 허브
　　　가을에 씨앗을 뿌리면 이듬해 봄 꽃을 볼 수 있다.

패랭이

수염패랭이

난쟁이패랭이

숲패랭이

지면패랭이

All That Herb

허브는 의사의 친구이자 요리사의 자존심이다.

—샤를마뉴

Lycium chinense
Stachys byzantina
Silybum marianum
Rumex acetosa
Schisandra chinensis
Panax ginseng
Salvia greggii
Salvia elegans
Salvia dorisiana
Hibiscus sabdariffa

구기자

枸杞子

꿀벌과 나비가 선물해주는 행복의 열매

농장에서 느끼는 가장 큰 행복은 아름다운 자연과의 어울림이다. 꿀을 찾기 위해 이리저리 날아다니는 꿀벌과 나비를 볼 때면 한동안 잊고 있었던 경이로운 자연의 신비를 새삼 깨닫게 된다. 이 세상에서 꿀벌과 나비가 사라지면 어떻게 될까. 아마도 지구상의 많은 식물들도 함께 사라지고 말 것이다. 식물 중 1/3은 스스로 수정하지 못하고 꿀벌이나 나비를 통해 열매를 맺기 때문이다. 아름다운 보라색 꽃과 빨간 열매를 가진 구기자도 사라져버릴지 모른다. 서양에서는 '고지베리(Gojiberry)'로 불리는 구기자는 가지과의 낙엽성 관목으로 한국과 중국에서 자생하는 허브다. 1433년에 집필된 조선 시대 의약서 『향약집성방(鄕藥集成方)』에는 구기자를 먹지 않는 할아버지를 회초리로 때려가며 혼내는 젊은 여자의 이야기가 나온다(이 할아버지는 여자의 증손자였다). 『본초강목(本草綱目)』에는 구기자가 체내에 쌓인 노폐물을 없애주어 백세 넘은 노인이 구기자를 먹으면 백발이 다시 검어지고 이빨이 다시 돋아난다는 기록이 있다. 중국의 『신농본초경(神農本草經)』(365종의 약초를 상, 중, 하로 나눈 약서)에서는 구기자를 독성이 없고 많이 먹거나 오랜 기간 복용해도 해가 없고 불로장생하는 귀중한 '상' 품종의 약초로 소개하고 있다. 구기자는 베타인, 루틴, 불포화지방산, 아미노산 등의 성분이 골고루 함유되어 있다. 구기자는 열매와 잎, 뿌리를 모두 먹을 수 있다. 혈압과 혈당 작용을 하는 베타인 성분은 열매보다 잎에 2배 정도 더 많이 들어 있는데, 잎은 살짝 데쳐 나물로 무쳐 먹는다. 열매를 열풍으로 건조시키면 구기자에 들어 있는 좋은 성분의 함량이 더 높아진다. 따라서 열매는 열풍으로 건조시켜 허브티로 마시거나 가루로 만들어 한과, 떡, 죽 등의 요리에 넣어 먹으면 좋다. 또한 설탕이나 술에 발효시키면 피로 회복과 정력에 좋은 발효주가 된다. 별처럼 생긴 보라색 꽃은 6~9월에 개화하며 방울처럼 생긴 빨간 열매는 8~9월에 붉게 익는데 열매가 꼭지 부분까지 붉게 착색이 되고 즙이 꽉 찬 성숙한 상태일 때 수확하는 것이 바람직하다. 번식 방법은 꺾꽂이, 휘묻이, 포기 나누기, 종자 등이 있는데 꺾꽂이 번식을 가장 많이 한다. 2월 초에 가지를 잘라 모종판에 깊게 묻어두고 물 관리에 신경 써주면 3월 중순경 완전히 땅에 옮겨 심을 수 있다. 높게 자라진 않지만 줄기가 가늘어 지지대를 세워주고 묶어주는 것이 좋다. 그러지 않으면 빗물에 의해 탄저병균에 전염되기 쉽다. 중국에는 진시황제가 찾는 '불로초(不老草)'가 구기자였다는 설이 있다. 그 정도로 구기자는 젊음을 되찾아주는 귀한 허브다.

· 가지과 낙엽성 관목으로 한국, 중국에서 자생
· 식물학명: *Lycium chinense*
· 키: 1~4미터
· 꽃 피는 시기: 6~9월
· 특징: 화분보다는 정원에 심는 것이 적당하다.
　　　 효과를 보려면 오랫동안 꾸준히 먹을 것을 권한다.
　　　 우리나라에는 옛날부터 청양, 진도에서 자생해왔다.

램즈이어

Lamb's Ear

과일향이 나는 인류 최초의 천연붕대

부드러운 은녹색 겨울 털코트를 입은 식물이 있다. 고것 참 따뜻해 보인다. 이름에서도 느껴지듯 램즈이어는 길쭉한 잎의 모양과 수북한 털들이 '양의 귀(Lamb's Ear)'를 닮았다고 해서 붙여졌다. 그렇고 보니 줄기 양옆으로 뻗은 길쭉한 잎 모양이 초원에서 풀을 뜯으며 목자의 음성에 귀 기울이는 귀여운 작은 양 같다. 또 다르게 이 식물을 부르는 이름이 있다. 잎과 줄기를 덮고 있는 뽀송뽀송한 털들이 마치 폭신폭신한 카펫 같다 해서 '실버카펫(Silver Carpet)'이라고 불린다. 이 식물은 의료용품이 없던 오래전 뱀에 물리거나 크게 베였을 때 상처를 치료하고 지혈하는 천연붕대로 쓰였다. 상처가 난 곳에 램즈이어 잎을 찧어서 붙이거나 달여서 바르면 상태가 호전되었다. 넉넉한 구호물자가 없었던 미국 남북전쟁에서도 응급 지혈용 붕대로 사용한 기록이 있고, 몇몇 국가에서는 이 식물의 효능을 치질 등에 외용하기도 했다. 봄, 여름에 이 양들의 귀 사이로 굵고 긴 꽃대가 올라가며 자주색, 보라색 꽃들이 수상화서로 오밀조밀 모여 피기 시작한다. 꽃이 길어질수록 귀는 점점 작아진다. 또한 램즈이어의 꽃은 벌들이 좋아하는 향을 가졌다. 꽃이 피는 5~7월에 꿀을 얻기 위해 찾아드는 꿀벌들로 항상 북적이는데 이 때문에 램즈이어는 밀원 식물로 사용되기도 한다. 램즈이어는 석잠풀속 여러해살이 식물이다. 석잠풀속의 식물들은 오래전부터 산야와 습지, 모래땅 등에 주로 자생했다. 잎을 씹으면 사과와 파인애플이 섞인 은은한 향이 난다. 원주민들은 이런 램즈이어 향기를 사랑했다. 집 근처에 심기도 하고 어린잎을 수확해 허브티로 마시거나 요리에 넣어 사용하기도 했다. 잎은 노란색 천연염료로도 쓰였다. 의료기술이 최첨단으로 발달하고 있는 현재는 더 이상 램즈이어를 붕대로 사용하진 않는다. 원주민들의 방식처럼 식용으로 사용하지도 않는다. 하지만 아름답고 신기한 램즈이어의 모양을 감상하기 위한 관상용과 꽃꽂이용 절화로 재배한다. 램즈이어의 모습이 궁금하다면 봄에 씨앗을 구해 정원이나 실내 인테리어용으로 심어보자.

· 석잠풀속 여러해살이 식물로 아르메니아, 이란, 터키에서 자생
· 식물학명: *Stachys byzantina*
· 키: 40~80센티미터
· 꽃 피는 시기: 5~7월
· 특징: 정원에서 키워도 겨울에 마른 잎으로 살아남는데 내건성은 뛰어나지만 장마철 습도에 약하다.
　　　 뿌리 배수가 잘되도록 신경 써야 한다.

밀크시슬

Milk Thistle

모유 한 방울로 피어난 하얀 무늬

"마리아의 모유 한 방울이 떨어져 붉은 잎을 물들이니 그 모습이 참으로 아름답구나!" 밀크시슬의 이름에 관한 유래다. 밀크시슬은 마리아시슬(St. Mary's Thistle), 아워레이디즈시슬(Our Lady's Thistle), 홀리시슬(Holy Thistle)이라 불리기도 한다. 그 이름의 유래처럼 밀크시슬은 고대에 여성들의 모유 분비를 촉진하는 허브로 사용되었다. 밀크시슬 잎에는 잎맥을 따라 우유를 칠한 듯 흐르는 독특한 하얀 무늬가 있다. 그런데 이 모습과는 다르게 줄기, 잎, 꽃봉오리, 열매에 삐죽한 가시를 감추고 있다. 자신의 아름다운 모습을 천적으로부터 보호하기 위한 날카로운 발톱을 숨기고 있는 것일까. 꽃봉오리, 줄기, 잎에 굵고 긴 가시가 많아 맨손으로 만지는 것은 위험하니 꼭 두꺼운 고무장갑을 껴야 한다. 밀크시슬은 1.5~2미터까지 자라나는 한해살이 식물이다. 잎은 무려 1.5미터까지 퍼지므로 심을 때 충분한 간격을 두고 심는 것이 적당하다. 6월이 되면 잎 사이로 진분홍색 꽃이 피기 시작한다. 꽃이 지고 나면 그 자리에 자두만 한 열매가 생기는데 그 안은 하얀 솜털을 지닌 씨앗들로 가득 차 있다. 장마철이면 성장이 왕성해져 그 줄기가 휘어질 수 있으니 여름이 오기 전 지지대를 세워주는 것이 좋다. 밀크시슬은 고대 로마 시대부터 간 질환에 좋은 허브로 약용되어왔지만 그 효능이 과학적으로 입증된 것은 1960년대로 비교적 최근이다. 밀크시슬에 들어 있는 실리마린(silymarin)이라는 물질은 알코올이나 독성으로부터 간세포를 보호해주는 역할을 한다. 술을 많이 마셨던 로마인들은 밀크시슬 수액에 꿀을 타서 주기적으로 마셨고, 가톨릭 수도원에서는 이 식물을 약초로 재배했다. 중세 시대에는 많은 허벌리스트들이 알코올 중독에 의한 간 손상에 밀크시슬 씨앗을 처방했다. 밀크시슬을 복용하는 방법은 수확한 씨앗과 잎을 깨끗이 씻은 후 건조시켜 보리차처럼 끓여 매일 마시는 것이다. 요즘에는 씨앗에서 추출한 실리마린 성분이 함유된 캡슐을 건강 보조제로 판매하고 있다. 밀크시슬은 씨앗으로 번식하며 이른 봄에 파종하는 춘파초이다. 9~10월에 열매가 갈색으로 완전히 여문 후에 수확한다. 잎은 가시를 제거한 뒤 생으로 먹기도 하는데 상추맛이 난다. 화분보다는 비옥하고 물 빠짐이 좋은 정원에 심는 것이 적당하다.

· 엉겅퀴과 한해살이 식물로 지중해, 남유럽에서 자생
· 식물학명: *Silybum marianum*
· 키: 1.5~2미터
· 꽃 피는 시기: 6~7월
· 특징: 오랜 세월 동안 간 치료제로 쓰였던 허브.
　　정원에서 키울 것을 권한다.

가든소렐

소렐

Sorrel

겨울철 비타민 대신 먹었던 빨간 레몬

하늘 위를 넘실대는 연의 꼬리처럼 생긴 긴 이파리를 한 입 베어 물면 레몬처럼 눈살을 찌푸리게 만드는 신맛이 침샘을 자극한다. 우리나라에서는 '수영'이라고 불리는 소렐은 한때 영국에서 경작지 피해 식물로 지정된 적이 있다. 왕성한 번식력을 가졌기 때문이다. 소렐은 스스로 씨를 퍼트리고 적절한 때를 기다렸다 싹을 틔우기에 키우기가 어렵지 않다. 소렐의 상큼한 레몬맛을 제대로 즐기고 싶다면 여름에 피어오르는 작고 빨간 꽃봉오리를 과감하게 잘라주자. 질긴 레몬 볏짚을 먹는 기분을 느끼지 않으려면 말이다. 꽃을 잘라도 마디 사이로 잎이 계속 나오기 때문에 걱정할 필요가 없다. 소렐은 마디풀과로 지구상에 200여 종이 살고 있는데, 대표 종으로는 시금치처럼 크고 넓은 잎에 야생에서 잘 자라는 '가든소렐(Garden Sorrel)'과 작고 둥근 잎에 은은한 신맛이 나서 프랑스인들이 즐겨 먹는다는 '프렌치소렐(French Sorrel)'이 있다. 키가 20센티미터 정도로 작은 프렌치소렐에 비해 가든소렐은 1미터 이상으로 자란다. '애기수영(Sheep Sorrel)'이라 불리는 잘 알려져 있지 않은 종도 있다. 소렐은 비타민 A가 풍부하여 눈 질환에 효과적이다. 연구 결과에 따르면 소렐을 꾸준하게 먹을 경우 백내장에 걸릴 위험이 감소한다고 한다. 소렐에 들어 있는 풍부한 비타민과 미네랄은 피를 맑게 해주고 피부 미용에 좋다. 항암 성분도 있어 암 치료 목적의 대체요법인 '에시악(Essiac)'의 원료로 쓰이기도 한다. 고대 그리스에서는 이뇨 작용과 담석, 해열을 위한 약초로 사용했다. 19세기 초 북극을 탐험하는 사람들은 비타민 C가 부족해 생기는 괴혈병에 대비해 소렐을 항상 휴대했다. 유럽에서는 겨울철 비타민 보충을 위해 소렐을 먹는다. 소렐의 신맛이 너무 강해 먹기가 힘들다면 소스를 만들 때 식초나 레몬 대신 소렐을 갈아 넣어보자. 버터에 볶아 소스나 요리에 넣으면 고소하면서도 상큼한 맛을 느낄 수 있다. 소렐의 신맛은 연육 작용을 하여 고기를 부드럽게 해주기도 한다. 달걀, 감자, 생선, 닭고기 요리 등에 넣으면 레몬맛과 더불어 허브의 독특한 향이 더해진 풍미를 느낄 수 있다. 샐러드에 소렐 몇 잎을 잘게 잘라 넣기만 해도 새로운 맛의 샐러드가 완성된다. 소렐은 천연염색 원료로도 사용되는데 뿌리에서는 회갈색 염료를 줄기와 잎에서는 회청색 염료를 얻을 수 있다. 시금치처럼 조리해 먹기도 하는데 가열하면 색깔이 검게 변해 보기에 그다지 좋지는 않지만 생으로 먹었을 때와는 또 다른 맛을 느낄 수 있다. 소렐은 건조하여 보관이 안 되므로 남은 소렐이 문제라면 식초에 담가놓고 소렐비네갈을 만들어보자.

· 마디풀과 여러해살이 식물로 북반구 온대 지방에서 자생
· 식물학명: *Rumex acetosa*
· 키: 30~80센티미터
· 꽃 피는 시기: 5~6월
· 특징: 화분에서도 잘 자라며 강한 햇빛을 좋아하고 건조에 강하다.
　　　산이 강하기 때문에 알루미늄 제품은 피하는 것이 좋다.

오미자

五味子, Schizandra

신이 내린 다섯 가지 선물

단맛, 신맛, 짠맛, 쓴맛, 매운맛 다섯 가지 맛을 동시에 느낄 수 있는 음식이 있다면 과연 어떤 맛일까? 예부터 과실 약주로 많이 담가 먹었던 오미자는 국내에서는 인삼 다음으로 두 번째로 많이 재배되고 있는 약초다. 경상북도와 전라북도에 가면 오미자 밭을 많이 볼 수 있는데, 여름철 기온이 서늘한 해발 300~700미터 중간산지에서 잘 자라는 오미자의 환경적 특성 때문이다. 오미자(五味子)라는 이름은 한 열매에서 오미(五味)를 모두 느낄 수 있어 붙여졌다. 처음 씹을 때는 단맛, 신맛, 짠맛이 오묘하게 어우러져 입 안의 침샘을 자극하고 씹을수록 그 끝 맛은 쓰고 맵다. 이는 껍질과 과육과 씨앗에 따라 각각의 맛이 다르게 분포되어 있기 때문이다. 맛에 따라 효능도 다른데 껍질과 과육은 포도당, 과당, 구연산, 사과산이 풍부하여 단맛, 신맛, 짠맛이 난다. 단맛은 비장(신장과 횡격막 사이에 있는 장기로 면역 기능을 담당)에 좋고 신맛은 간에 좋으며 짠맛은 신장에 좋다. 항산화 물질이 풍부한 씨앗에는 쓴맛과 매운맛이 나는데 쓴맛은 심장에 좋고 매운맛은 폐에 좋다. 그야말로 오미자는 우리의 오장육부까지 튼튼하게 해주는 신의 선물인 것이다. 동양 최초의 허브책『동의보감(東醫寶鑑)』과『본초강목(本草綱目)』에도 오미자에 대한 기록이 있다.『동의보감』에는 오장을 보호해 피로를 해소하고 정력을 증진하는 데 효과적이라고 되어 있고,『본초강목』에는 오미자의 생열매를 기침약으로 사용하도록 적고 있다. 오미자는 간 기능을 강화시켜 숙취 해소와 피로 회복에 좋고, 심혈관대사를 원활하게 하고 항고혈압에 효과가 있다. 또한 붉은 빛깔을 내는 안토시아닌의 항산화 작용으로 노화를 억제시킨다. 과육과 과피에 20퍼센트, 씨앗에 80퍼센트 정도의 항산화 물질이 함유되어 있다. 오미자는 설탕으로 절인 것보다 술에 담가 먹는 것이 몸에 더 유용하다. 알코올을 만났을 때 간을 보호해주는 시잔드린 성분이 210배 더 추출되기 때문이다. 오미자는 10~11월에 묘목을 사서 심고 추운 겨울을 나야 다음해 봄에 꽃을 피운다. 최대 8미터까지 자라나고 한 나무에 암꽃과 수꽃이 같이 자라는 자웅동주다. 여름철 기온이 서늘한 반음지와, 배수가 양호한 부식질이 많은 사질양토에서 잘 자란다. 물을 많이 좋아하는데 덩굴성으로 자라기 때문에 저면관수로 잎에 물이 닿지 않게 뿌려줘야 한다.

· 오미자과 덩굴성 낙엽수로 한국, 중국에서 자생
· 식물학명: *Schisandra chinensis*
· 키: 2~8미터
· 꽃 피는 시기: 4~5월
· 특징: 정원에서 키우며 아치형 지지대를 세워주는 것이 좋다.

인삼

人蔘, Ginseng

어둠 속에서 반짝이는 하늘의 보물

인삼의 열매를 본 적이 있는가? 구기자, 하수오와 함께 '3대 명약'으로 불리는 인삼에는 탐스러운 빨간 열매가 달린다. 벌거벗은 사람의 몸처럼 보이는 에로틱한 뿌리 모양에 반해 작고 귀여운 열매의 모습이 인상적이다. 사람 인(人), 삼 삼(蔘) 자가 모인 '인삼(人蔘)'이라는 이름은 뿌리 모양이 사람을 닮은 삼이라 하여 붙여졌다. 한국과 중국이 원산지인 인삼은 예전부터 만병통치약으로 쓰였다. 종명 '진생(ginseng)'의 '생(seng)'은 중국말로 강장제로 사용하는 뿌리를 가리킨다. 속명 '파낙스(Panax)'는 '만병통치약, 전부 치료하는'이라는 뜻의 라틴어에서 유래되었다. 인삼은 경사가 가파르고 바위가 많으며 그늘이 짙게 드리워진 어두컴컴한 산비탈에서 자생한다. 수 세기 전 옛 선조들은 어두운 달밤이 되면 인삼의 잎이 스스로 빛을 낸다고 믿었다. 심마니들은 인삼 잎에서 나오는 이 으스스 반짝이는 빛을 발견하면 화살로 위치를 표시해두고 날이 밝기를 기다려 인삼을 캐러 나갔다고 한다. 지금은 인삼을 모두 양식으로 재배하기 때문에 어렵지 않게 구할 수 있지만, 재배가 까다로운 인삼을 키우기 위해서 뿌려야 하는 농약의 양이 만만찮으니 좋아해야 할지 슬퍼해야 할지 난감한 현실이다. 비스듬한 검정 천막이 일렬로 길게 늘어선 인삼 밭의 모습이 눈에 띈다. 인삼은 그늘이 80퍼센트 이상인 저광도, 30℃ 이하의 저온, 주먹으로 가볍게 쥐었다 놓으면 약간의 실금이 갈 정도의 수분을 머금은 흙(점토가 25~37.5퍼센트 함유된 양토)에서 잘 자란다. 이 때문에 고도의 노하우와 전문 재배시설이 필요하다. 일반적으로 인삼 뿌리는 3년 이상 자라야 먹을 수 있다. 인삼은 씨앗으로만 번식하는데 씨앗을 채취하여 2년간 발아 과정을 거쳐야 싹이 나오고, 발아한 지 4~5년이 지나야 수확이 가능하다. 가을철 인삼 농장은 수확으로 분주하다. 인삼은 실뿌리에 더 영양분이 많기 때문에 실뿌리가 다치지 않도록 조심히 뽑은 후 부드럽게 세척해야 한다. 세척한 인삼은 건조하여 백삼으로, 증기로 쪄서 홍삼으로 만들거나 미삼(가는 뿌리)으로 구분하여 나눈다. 인삼은 면역력을 필요로 하는 모든 증상(독감, 당뇨병, 알츠하이머, 염증, 만성 피로, 강장제 등)에 뛰어난 효능을 발휘한다. 남성의 발기 부전, 폐경기 여성의 증상 완화에도 좋다. 인삼을 먹는 방법은 너무나 많다. 홍삼 뿌리 3~6스푼을 3~4컵의 물에 넣고 45분간 끓여 하루에 1~3회 정도 마셔도 좋고, 시중에 나와 있는 홍삼 캡슐제제 500~1,000밀리그램을 하루 1~2회 복용하는 것도 방법이다.

· 두릅나무과 여러해살이 식물로 한국, 중국에서 자생
· 식물학명: *Panax ginseng*
· 키: 30~60센티미터
· 꽃 피는 시기: 4~5월
· 특징: 생육이 좋으면 2년생부터 꽃이 피나 대체적으로 3년생부터 꽃을 볼 수 있다.
　　　 인삼이 속한 파낙스속은 지구상에 12종이 서식하고 있다.

체리세이지

Cherry Sage

정원 속 아름다운 카멜레온

체리맛인 걸까 아니면 강한 체리향 때문에 체리맛이 느껴지는 걸까? 체리 위에 부드러운 생크림을 얹은 듯한 달콤하고 은은한 향이 먹을수록 입 안 가득 퍼진다. 체리세이지는 19세기 멕시코를 탐험하던 J. 그레그(J. Gregg)에게 발견되어 세상에 알려졌다. 종명 '그레기(*greggii*)'는 그의 이름에서 따온 것으로, 체리세이지를 '그레기즈세이지(Gregg's Sage)'라 부르기도 한다. 가을에 꽃이 핀다 해서 '어텀세이지(Autumn Sage)', 그 꽃이 빨간 립스틱을 바른 입술 같아서 '립스틱세이지(Lipstick Sage)'라고도 불린다. 기온이 따뜻하면 체리세이지는 1년 내내 빨간 립스틱으로 자신을 치장한다. 체리세이지는 해발 1,500미터 고지대 산속에서 피어나던 야생화로 '산에서 자라는 세이지'라고 해서 '마운틴세이지(Mountain Sage)'로도 불린다. 고지대 산속의 거센 환경을 이겨내며 강인한 생명력과 적응력을 가진 덕분일까. 체리세이지는 자연에서 스스로 교잡하며 900여 종이 넘은 다른 종으로 태어났다. 교잡된 종 가운데 빨간색과 흰색의 입술을 가진 '핫립세이지(Hotlips Sage)'가 있는데 이 아름다운 투톤 컬러는 시원한 가을에만 볼 수 있다. 무더운 여름이 오면 낮과 밤에 따라 꽃 색깔이 달라진다. 낮에는 꽃 위아래 입술을 빨갛게, 밤에는 하얗게 바꾼다. 분홍색, 빨간색, 흰색, 파란색 등 다양한 색을 가진 '나바조세이지(Navajo Sage)'도 있다. 꽃 모양은 체리세이지와 같지만 색이 좀 더 다양하고 잎에 광택이 나며 키는 조금 더 작다. 파인애플세이지와 마찬가지로 체리세이지 꽃에는 달콤한 과일향과 꿀맛이 나는데 잎보다는 꽃을 식용한다. 이 섹시한 입술은 칵테일, 음료, 디저트 장식, 허브티 등에 사용하고 샐러드에 올려 먹기도 한다. 더운 여름철 시원한 레몬차나 에이드 위에 체리세이지 꽃잎을 띄워보자. 상큼한 레몬향과 달콤한 체리향이 어우러지며 더욱 향긋한 맛이 난다. 번식은 씨앗이나 꺾꽂이로 한다. 서늘한 봄, 가을에 건강한 줄기 3~4마디를 잘라 생장점까지 깊숙이 흙으로 덮고 물을 준다. 꺾꽂이한 뒤에는 물기가 촉촉해야 뿌리가 잘 내리니 건조해지지 않도록 흙 상태를 체크하자.

· 꿀풀과 여러해살이 식물로 과테말라, 멕시코에서 자생
· 식물학명: *Salvia greggii*
· 키: 1~4미터
· 꽃 피는 시기: 4~10월
· 특징: 화분에서도 잘 자라는데 추운 겨울에 실내로 옮겨주면 1년 내내 꽃을 볼 수 있다.
　　　　물이 마르지 않게 관리하자.

파인애플세이지

Pineapple Sage

나비가 사랑한 빨간빛 샐비어

멀대처럼 크게 자라는 키 때문에 화단의 뒤쪽으로 밀려났지만 바람이 불 때마다 실려오는 향긋한 파인애플 내음에 온몸의 피로가 싹 가시는 것 같다. 꿀향기 가득한 기다랗고 빨간 꽃들이 맑고 푸른 하늘에 대비되어 빛깔을 뽐낼 즈음 농장은 겨울맞이 월동 준비로 서서히 분주해지기 시작한다. 식물 전체에서 은은한 파인애플향이 나서 '파인애플세이지(Pineapple Sage)'라 불리는데 세이지 종 가운데 가장 달콤한 맛을 지녔다. 가을에 피는 빨간색 꽃은 시골 할머니네 앞마당을 빨갛게 수놓았던 달콤한 샐비어를 떠올리게 한다. 파인애플세이지 주변에는 나비들이 많이 날아다닌다. 나비들도 그 달콤한 맛이 좋은가보다. 겨울철 실내로만 잘 옮겨준다면 매해 가을 그 꽃을 볼 수 있다. 뿌리가 땅 깊숙이 뻗어 자라지 않고 옆으로 퍼져 자라기 때문에 낮고 넓은 화분에 심는 것이 적당하다. 특히 봄, 가을에 큰 잎을 무성하게 뿜내며 자라나 집 안이 순식간에 정글로 변해버릴 수 있으니 주의하자. 이럴 땐 과감하게 줄기 밑단을 잘라주는 것이 좋다. 너무 짧게 자른 게 아닌가 하고 걱정할 필요는 없다. 여느 허브처럼 한 달 뒤면 다시 화분을 가득 채우고 있을 테니 말이다. 1,700~3,000미터 고산 지대에서 자생하던 파인애플세이지는 항균 및 항바이러스 효능이 뛰어나 각종 염증 질환에 도움을 주고, 꾸준히 복용하면 정서적으로 기분을 편안하게 만들어준다. 또한 항산화 효능도 있어 노화 방지와 피부 미용에도 좋다. 싱싱한 잎으로 샐러드나 허브티를 만들어 먹고 건조하면 향이 많이 줄어들긴 하지만 잎을 말려 향신료로 쓴다. 꽃보다는 잎이 더 향기롭다. 파인애플세이지 생잎은 치즈를 만들 때 함께 넣어 맛과 향을 더하고, 녹인 버터에 잎 한 장만 곁들여도 음식의 풍미를 높일 수 있다. 꽃은 먹었을 때 향기가 더욱 진하기 때문에 요리 시 꽃을 사용하는 것도 나쁘지 않다. 요리의 마지막 단계에 파인애플세이지 꽃을 올려놓고 장식해보자. 입 안 가득 퍼지는 꿀처럼 달콤한 파인애플향이 일상을 더욱 행복하게 만들어줄 것이다.

· 꿀풀과 여러해살이 식물로 과테말라, 멕시코에 자생
· 식물학명: *Salvia elegans*
· 키: 1~2미터
· 꽃 피는 시기: 9~10월
· 특징: 화분에서도 잘 자라며 통풍이 잘되는 실내에서 키우고 습기에 약하니 물을 많이 주지 않는 것이 좋다.
　　　번식은 주로 꺾꽂이로 한다.

후르츠세이지

Fruits Sage

세상에서 가장 아름다운 선물

햇볕에 비춰 더욱더 반짝이는 연둣빛의 두툼한 잎은 뽀송뽀송한 아기솜털이 가득하다. 여름철 피어나는 자줏빛, 연분홍빛 꽃은 관상용으로 제격이다. 도미니카에 자생하는 후르츠세이지가 세상에 알려진 것은 제2차 세계대전이 끝난 1950년쯤으로 추정된다. 역사가 그리 길지 않고 국내에 많이 도입되지 않아 쉽게 볼 수 없으며 이 식물의 존재 또한 아는 사람들이 많지 않다. 맛도 없어 식용으로는 사용되지 않지만, 그 향기만은 상큼한 과일과 달콤한 꽃들이 잔뜩 모여 있는 정원을 거니는 듯 황홀하다. 상큼한 과일향이 난다고 해서 '후르츠세이지(Fruits Sage)', 또는 복숭아향이 난다고 해서 '피치세이지(Peach Sage)'라고 불린다. 종명인 '도리시아나(dorisiana)'는 '선물'이라는 뜻을 가진 단어 '도리스(Doris)'에서 유래되었다. 그 말처럼 후르츠세이지의 향기를 맡는 순간 세상에서 가장 아름다운 선물을 받은 듯 행복해진다. 후르츠세이지를 실내에서 키워보자. 성장력이 좋아 화분에서도 금세 무성이 자라난다. 자칫 잘못하다간 집 안이 정글로 변해버릴지도 모를 일이다. 잎과 가지들이 너무 자랐다면 싹둑 잘라 건조시켜 포푸리로 만들어보자. 이때 잎이 생겨나는 부분인 생장점이 다치지 않게 잘라야 또 새로운 잎을 만날 수 있고 한 번 자를 때 가지를 밑에서 두세 마디 남기고 짧게 잘라야 더욱 건강하고 풍성한 잎이 나오는 것을 볼 수 있다. 포푸리를 만들 때는 채반에 올려놓고 통풍이 잘되는 그늘에서 바짝 마를 때까지 자연 건조한다. 파인애플세이지와 달리 후르츠세이지의 잎은 말리면 향기가 더 강해진다. 후르츠세이지 포푸리를 집 안 곳곳에 놓아두면 보기도 좋을뿐더러 그 향기로 몸과 마음까지 치유되는 경험을 할 수 있다. 후르츠세이지와 같이 외국에서 자생하던 허브들은 대부분 추위에 약해 사계절이 뚜렷한 우리나라에서 키우기 힘든 단점이 있다. 온도가 7℃ 이하로만 내려가도 비실비실 힘을 잃게 되니 적정 온도를 유지해주고, 물을 좋아하니 흙이 마르지 않게 잘 관리해주자.

· 꿀풀과 여러해살이 식물로 도미니카에서 자생
· 식물학명: *Salvia dorisiana*
· 키: 1~2미터
· 꽃 피는 시기: 7~10월
· 특징: 아직 약용에 대한 가능성은 밝혀진 것이 없지만 식용은 가능한데 맛이 그다지 없는 편이다.
　　　세이지 종 가운데 가장 향기가 좋아 향기로 치유하는 관상 허브로 쓰이고 있다.

히비스커스

Hibiscus

나는 샤론의 장미, 길에 핀 백합꽃

빨간색, 노란색 등 다양한 색깔의 커다란 꽃망울을 가진 히비스커스는 예로부터 아름다움의 상징이었다. 『성경』 '솔로몬의 노래'에서조차 그 아름다운 자태를 예찬하는 히비스커스 꽃은 몇 초 동안 넋을 놓고 보게 될 정도로 매혹적이다. 속명 '히비스커스(Hibiscus)'는 무궁화속으로 고대 이집트의 여신 히비스(Hibis)의 이름에서 유래되었다. 지구상에는 개량된 종까지 합하면 8,000여 가지가 넘는 다양한 종류의 히비스커스가 서식한다. 대한민국 국화로 알려진 무궁화는 히비스커스의 한 종류인 시리아커스(Hibiscus syriacus)이고, 하와이 국화로 알려진 옐로히비스커스 역시 브래켄리지(Hibiscus brackenridgei)라는 종이다. 말레이시아 국화로 알고 있는 붕가라야 또한 히비스커스 로사시넨시스(Hibiscus rosa-sinensis)인데, 이들 모두 속명은 같지만 다른 종명, 쉽게 말하자면 부모가 같은 형제 관계라 할 수 있다. 지금은 전 세계에서 자생하며 사랑받는 히비스커스의 자생지는 중국과 인도인데 고대부터 그 아름다움을 예찬하여 진나라 『시경』의 노래로 만들어질 정도로 유명했던 히비스커스가 고향이 아닌 타국 땅의 나라 꽃으로 지정된 것은 참으로 아이러니하다. 더 아이러니한 것은 중국은 아직도 국화가 없다는 것이 아닐까. 이렇게 많은 종이 있음에도 불구하고 모든 히비스커스를 먹을 수 있는 것은 아니다. 흔히 먹는 히비스커스라 알려진 빨간 열매는 '로젤(Roselle)'이라 부르는 히비스커스 삽다리파(Hibiscus sabdariffa)의 열매로 알맹이가 아닌 겉껍질을 먹는다. 로젤 껍질은 장미향과 함께 상큼한 크랜베리와 레몬맛이 난다. 우리나라에서는 주로 고급허브티로 알려져 구하기가 어렵지만 외국에서는 디저트나 잼의 재료로도 흔하게 사용된다. 로젤의 효능은 여성들에게 참 매력적이다. 고대 절세미녀 클레오파트라의 아름다움 유지 비결이 히비스커스라는 설이 있을 정도다. 로젤에는 비타민 C, 점액질, 펙틴, 안토시아닌이 풍부하게 들어 있기 때문에 노화와 다이어트, 피부 미용에 탁월한 효능이 있다. 오래 전부터 감기 등의 치료 목적으로 로젤을 사용했는데 로젤에 들어 있는 풍부한 비타민과 안토시아닌이 우리 몸에 강력한 항산화제 역할을 하기 때문이다. 아프리카에서는 로젤을 땅콩과 섞어 반찬으로 만들어 먹는다. 필리핀에서는 로젤 외에 히비스커스 수라텐시스(Hibiscus surattensis)와 히비스커스 아쿠리투스(Hibiscus aculeatus)의 잎을 향신료처럼 요리에 넣어 먹는다.

· 아욱과 무궁화속 상록관목으로 중국, 인도에서 자생
· 식물학명: Hibiscus sabdariffa
· 키: 2.5~3미터
· 꽃 피는 시기: 7~9월
· 특징: 배수가 잘되는 흙에 심고 성장 속도가 빠르니 묘목이 성장하면 빨리 땅으로 옮겨 심자.
　　　진딧물에 취약하니 관리에 신경 써야 한다.
　　　로젤 열매를 수확하는 시기는 가을 서리가 내리기 전이다.

계피

Cinnamon

침실 가득 그윽한 솔로몬의 향기

"내 침실에는 아름다운 아마포가 깔려 있고 그윽한 시나몬향이 가득하노라." 정말 솔로몬의 침상에는 향기로운 시나몬향이 가득했을까? 계피(시나몬)는 오래전 값비싼 향나무로 귀족이나 왕족들만 사용할 수 있었고, 미라를 방부처리할 때 함께 넣었다. 또한 이집트에서 탈출한 이스라엘 사람들이 성유 의식을 거행할 때 사용했던 성스러운 향품이었다. 1세기 로마에서는 계피가 은보다 15배나 비쌌다. 이처럼 계피는 서민들이 살 엄두조차 내지 못했던 귀한 향신료였다. 전 세계적으로 무역이 활발해지던 16~17세기가 되어서야 계피의 재배가 활발해졌고 가격이 저렴해지면서 일반인들도 손쉽게 구할 수 있는 향신료가 되었다. 계피는 향기로운 육계나무의 수피(수목 형성층 바깥조직)를 여름에서 가을 사이에 채취한 것을 말한다. 후추, 정향과 함께 세계 '3대 향신료' 중 하나로 250여 종의 킨나모뭄(Cinnamomum)속이 존재한다. 우리가 주로 사용하는 계피의 종류는 킨나모뭄 베룸(Cinnamomum verum), 킨나모뭄 카시아(Cinnamomum cassia)다. 베룸은 스리랑카에서, 카시아는 중국, 태국, 베트남, 인도네시아에서 재배된다. 베룸은 상록성 나무로 키가 10미터까지 자라고 향이 강한 껍질과 질기고 가느다란 잎이 있다. 카시아도 향이 강하지만 잎의 앞과 뒷면에 털이 많다. 베룸은 2년마다 6개 정도의 가지만 남을 정도로 가지치기를 한다. 잘린 가지에 잎이 나타나기 시작할 무렵 이 어린 가지의 껍질을 벗겨 계피를 만든다. 이것을 '퀼(Quill)'이라 부른다. 껍질이 부드러워 나무그늘에서 말리면 여러 겹으로 동그랗게 말린다. 향미도 부드럽고 장유 성분도 풍성하다. 반면 카시아는 6년생 나무의 껍질을 두드려가며 마른 상태에서 벗기기 때문에 베룸보다 두껍고 딱딱하다. 동그랗게 말리질 않아서 겉면의 코르크조직(Phellem)이 붙어 있는 상태에서 팔린다. 카시아와 베룸을 쉽게 구별하는 방법은 껍질이 말려져 있는지 아닌지를 확인하면 된다. 계피 껍질은 건조시켜 분말이나 스틱으로 만들어 파는데 몸을 따뜻하게 해주는 효능이 있어 약재로 쓰이기도 한다. 고대 중국에서는 열병, 설사, 월경불순 치료제로, 인도 아유르베다 의사들은 소화 불량과 월경불순에 계피를 사용했다. 중세 시대에는 기침, 인후염에 사용하기도 했다. 계피의 독특한 향을 만드는 시남알데하이드 화합물은 다른 나무를 죽일 정도로 강해서 실제로 계피나무로 만든 못을 다른 나무에 박을 경우 그 나무가 죽기도 한다.

· 녹나무과 킨나모뭄속 상록활엽교목으로 스리랑카에서 자생
· 식물학명: Cinnamomum verum
· 키: 8~10미터
· 꽃 피는 시기: 6월
· 특징: 씨앗이나 어린 가지를 꺾꽂이해서 번식한다.

두릅

Exalted Angelica Tree

고통을 통해 한 걸음 더 성숙하다

시냇물이 졸졸 흐르는 봄이 오면 뒷산에 아버지가 심어놓은 두릅 따기가 한창이다. 두릅은 두릅나무의 새순을 말한다. 초록빛깔의 향긋함, 투박하지만 귀여운 새순과는 다르게 나무는 날카롭고 단단한 가시가 가득한 떨기나무다. 두릅을 수확할 때는 이 가시에 찔리지 않게 조심해야 하는데 가파른 산지나 골짜기에 서식하는 터라 딱 미끄러져 찔리기 십상이다. 아픔과 고통이 내적 성숙을 만들어주듯 두릅나무의 뿌리는 매서운 추위와 가뭄일 때 더 잘 성장한다(뿌리에는 수분을 찾으러 다니는 귀가 달려 있다). 물이 많을 때는 불필요한 가지들이 많이 생겨 오히려 성장을 방해한다. 겨우내 뿌리에 저장하고 있던 영양분은 따뜻한 봄이 오면 가지 끝으로 보내져 새순으로 맺힌다. 두릅의 수확기는 낮이 길어지기 시작하는 4월이다. 나물로 무치거나 소고기와 꿰어 두릅적을 만들고 간장, 식초, 설탕과 함께 장아찌를 만들어 먹기도 하는 두릅은 비타민과 무기질 등이 풍부해서 춘곤증을 이기는 데 도움을 준다. 『동의보감』에는 두릅이 부종과 불면증을 다스리는 효능이 있다고 나온다. 최근 연구에 따르면 두릅에 들어 있는 식이섬유가 혈중 콜레스테롤을 감소시킨다고 한다. 두릅에 들어 있는 사포닌 성분이 면역력을 강화시켜 항암 작용, 혈당 조절에 도움을 준다는 발표도 있다. 두릅나무의 껍질과 뿌리는 오래전부터 당뇨병, 간장 질환, 위염, 위궤양 등에 사용해온 한약재였다. 칼로리가 낮아 다이어트에도 좋다. 두릅나무의 새순은 자란 지 얼마 안 된 어린 것을 먹어야 하는데, 새순이 15센티미터 이상 자라면 가시가 생기기 시작해서 먹기 힘들다. 또한 두릅에는 미세한 독성이 있기 때문에 살짝 익혀서 먹어야 함을 기억하자. 두릅나무는 3~4미터 높이로 자라지만 수확의 편리와 높은 영양분을 위해 1.5미터가 되면 잘라주는 것이 좋다. 여름에 가지 끝에서 유백색의 꽃이 피고 가을에 둥근 검정 열매가 생긴다. 산형화서로 달리는 꽃들은 식용과 약용으로 사용되고 벌들이 많이 찾는 밀원 식물이기도 하다. 새순을 따고 나면 봄에 가지를 잘라 꺾꽂이를 시작하는데 생명력이 강해 자른 가지를 땅에 심으면 금세 뿌리를 내리고 잘 자란다. 병충해도 없고 가시 때문에 새들도 기피한다. 햇빛이 잘 들고 낙엽이 쌓여서 생긴 부엽토가 풍부하며 자갈이 많아 물 빠짐이 잘되는 가파른 산지나 골짜기에서 잘 자란다.

· 산형목 두릅나무과 낙엽활엽관목으로 한국에서 자생
· 식물학명: *Aralia elata*
· 키: 3~4미터
· 꽃 피는 시기: 7~8월
· 특징: 텃밭이나 정원에 심을 경우 두둑을 높게 만들어주고 마사토나 자갈을 많이 섞어 물 빠짐을 좋게 해준다. 거름은 가을에 한 번 주고 사방으로 퍼지는 잔가지들을 잘라 영양분 손실을 막는 것이 좋다.

마늘

Galic

긴 역사 속에서 검게 숙성된 알맹이

나이가 들면서 점점 마늘이 좋아진다. 내가 가장 좋아하는 마늘은 어머니가 보온밥솥에 넣고 쪄주는 흑마늘이다. 마늘은 동서양을 막론하고 인류가 귀하게 여겨온 허브 식물로 그 역사가 제법 길다. 단군신화에는 곰과 호랑이가 백 일 동안 마늘을 먹고 사람이 된 이야기가 나온다. 이집트 피라미드 벽화(기원전 3,000년 추정)로 남아 있는 마늘 그림은 가장 오래된 보태니컬아트 중 하나일 것이다. 피라미드를 지을 때 노예들에게 마늘과 양파를 먹였다. 의학의 아버지 히포크라테스(Hippocrates, 기원전 460~377?)는 암 치료에 마늘을 썼고, 허브로 약을 처방했던 고대 로마의 약학자 플리니우스(Gaius Plinius Secundus, 23~79)는 자신의 처방전에 마늘을 많이 사용했다. 그는 특히 올림픽 경기를 앞둔 선수들의 기력 증진을 위해 마늘을 처방했다. 대제국을 건설한 세계의 정복자 알렉산더 대왕도 군사들의 체력 보강을 위해 마늘을 지급했고, 제1차 세계대전 때는 다친 군사들의 치료에 마늘이 항생제로 사용되었다. 또 다른 한편에서는 마늘이 마녀나 뱀파이어 같은 악령들을 물리치는 주술이나 부적으로 중요하게 쓰였다. 마늘의 원산지에 대해서는 많은 주장들이 엇갈리지만 독일의 식물학자 쿤트(Carl Kunth, 1788~1850)의 이집트 설이 설득력 있어 보인다. 속명 '알리움(Allium)'은 '불타게 매운'이라는 뜻을 지닌 라틴어에서 유래되었다. 사실이 독한 매운맛은 마늘이 혹독한 고난과 추위를 견디고 자라면서 만들어진 것이다. 마늘은 열을 가하면 약효 성분들이 조금 떨어지기 때문에 생으로 먹는 것이 가장 좋다. 지독한 입 냄새를 피할 수 없다면 즐기면 된다. 마늘은 항암, 항균, 면역력 증강 효능이 뛰어나다. 미생물학의 아버지 파스퇴르(Louis Pasteur, 1822~1895)는 마늘로 강력한 박테리아 억제 효과를 연구했고, 노벨평화상을 받은 슈바이처(Albert Schweitzer, 1875~1965)는 아프리카 진료 활동 중 이질균 치료에 마늘을 사용했다. 마늘은 가을철에 심는다. 국내에서는 한지형(寒地型)과 난지형(暖地型)을 재배하는데 난지형은 싹이 나온 상태로 월동하기 때문에 겨울철이 비교적 따뜻한 남부 지방에서 재배된다. 마늘을 파종할 때는 흙에 석회와 퇴비를 섞어 뿌려주고 마늘쪽의 뾰족한 부분이 위로 올라오게 하여 심는다. 그리고 땅이 얼기 전 비닐이나 왕겨, 볏짚 등으로 덮어준다. 이듬해 여름이 되면 마늘의 잎이 파처럼 자라는데 이 잎이 누렇게 변하는 때가 수확할 시기다. 수확한 마늘은 줄기와 뿌리를 잘라내고 바람이 잘 통하는 곳에서 한 달 정도 말려주는 것이 좋다. 바로 이때 마늘을 더 강한 맛으로 만들어주는 마법이 시작되기 때문이다.

· 부추속 두해살이 또는 여러해살이 식물로 중앙아시아, 유럽에서 자생
· 식물학명: *Allium scorodorpasum*
· 키: 60센티미터
· 꽃 피는 시기: 6~7월
· 특징: 캘리포니아주 길로이는 마늘 생산의 중심지로 매해 7~8월 마늘 수확기에 마늘 축제가 열린다.
　　　 햇볕이 잘 드는 양지바른 땅에서 잘 자란다.
　　　 항생제 내성이 생길 때 마늘을 많이 먹자.

백수오

白首烏

지나친 욕심의 결과

상처는 또 다른 상처를 낳고 거짓말은 또 다른 거짓말을 낳아 믿음은 사라지고 불신만이 남게 된다. 한동안 약초 사기극으로 대한민국을 떠들썩하게 만들었던 범인 백수오, 사실 범인은 따로 있었다. 우리 안에 깊이 뿌리 내리고 있는 욕심이다. '나 하나쯤이야'라는 합리화가 시대적 비극을 만들어냈다. 이 사연에는 백수오(백하수오, 白何首烏)와 적하수오(赤何首烏), 이엽우피소(異葉牛皮消)가 있다. 이 세 식물의 겉모습은 자세히 보지 않으면 구분이 안 갈 정도로 비슷하지만, 키워본 사람이라면 식별이 가능하다. 생육 성장이 느린 백수오에 비해 이엽우피소는 성장이 빨라 키우기도 쉽고 수확량도 3배 이상 더 많다. 백수오와 적하수오는 뿌리를 캐보면 구별할 수 있다. 백수오의 뿌리 껍질은 하얗고 적하수오의 껍질은 빨갛다. 또한 백수오는 월동이 가능하지만 적하수오는 월동이 되지 않아 한 우리나라에서는 재배가 어렵다. 이러한 점들에 유의하여 살핀다면 백수오를 구별하여 키울 수 있을 것이다. 한동안 백수오로 둔갑하던 이엽우피소는 이제 생약 시장에 유통 및 재배가 금지되었으니 안심해도 된다. 큰조롱 혹은 은조롱이라 불리는 백수오는 『동의보감』에 따르면 여성 질환에 좋고, 혈기를 보호하고 힘줄과 뼈를 튼튼하게 하며, 머리를 검게 하고 장수에 효과적인 약초라고 기록되어 있다. 뿌리를 생약으로 사용한다. 술에 담근 뿌리는 혈당을 떨어뜨리는 효과가 있다. 그 외에도 차나 건강 보조식품 등으로 팔리고 있다. 백수오는 덩굴성 여러해살이 식물로 유기질 함량이 많고 모래가 적당히 들어 있어 배수가 잘되는 토양에서 잘 자란다. 봄철 직접 땅에 씨앗을 뿌리는 것보다 1년간 자란 모종을 심는 것이 낫다. 땅에 심은 지 2~3년 후 수확하는 것이 좋은데 수확 시기는 가을철이 제격이다. 뿌리는 굵기가 1센티미터 이상 되는 것을 사용하고 그보다 얇으면 번식용 종근으로 다시 사용하길 권한다. 뿌리 심기는 서늘한 봄, 가을에 해야 뿌리가 잘 자리 잡는다. 수확한 뿌리는 깨끗이 씻은 후 겉껍질을 벗기고 열풍건조기에 넣는다. 바람의 온도는 60℃로, 두께에 따라 1센티미터는 15시간, 2센티미터는 4~6일 정도 건조한다. 색이 누리끼리하면 건조가 완성된 것이다. 그 이상으로 건조하면 타서 벤조피렌 성분이 나오니 주의해야 한다.

· 박주가리과 여러해살이 식물로 한국, 중국에서 자생
· 식물학명: *Cynanchum wilfordii*
· 키: 1~2미터
· 꽃 피는 시기: 7~8월
· 특징: 덩굴로 자라기 때문에 아치형 지지대를 설치해주는 것이 좋다.
　　　　뿌리를 생으로 먹거나 술에 담가 먹거나 차나 건강 보조식품으로 먹는다.

사탕수수

Sugarcane

꿀이 흐르는 갈대

언제부터인지 식사 후엔 항상 달달한 디저트가 생각난다. 예전에는 느껴보지 못했던 이 달달함의 행복, 과연 설탕 없이 우리가 살아갈 수 있을까? 소금과는 달리 설탕은 쌀이나 밀 같은 음식에서 보충이 가능해 우리가 필수로 섭취해야 할 요소는 아니다. 때문에 설탕은 다이어트와 당뇨병 예방을 위해 점점 우리의 식탁에서 밀려나고 있다. 우리가 흔하게 마트에서 구입해 먹는 설탕은 사탕수수와 사탕무로 만들어진다. 이들은 인류가 가장 오래전부터 먹던 천연감미료였다. 아직도 원산지인 인도에서는 사탕수수를 직접 빨아 즙을 내어 소금이나 라임으로 간한 주스를 파는 사탕수수 상점을 길거리에서 흔히 볼 수 있다. 기온이 40℃ 이상으로 올라가는 살인적인 더위를 견디기 위해 인도인들은 사탕수수 주스를 식후 커피처럼 자주 마신다. 사탕수수 주스에 소금을 넣는 것은 몸의 수분 밸런스를 맞추기 위함이다. 소금에 들어 있는 나트륨은 몸의 노폐물 배출을 돕고 체액의 양을 조절한다. 땀이 비오듯 쏟아지는 인도의 무더위를 탈진 없이 견디기 위해서 꼭 필요한 민간요법인 것이다. 시중에서 우리가 접하는 설탕은 가공을 거치면서 90퍼센트의 영양분이 제거되어 살만 찌우는 '악마의 감미료'가 되어버렸지만 원래 설탕의 원료 사탕수수는 섬유질과 비타민, 무기질, 단백질 등 미네랄과 영양소가 풍부한 귀한 식물이다. 세계를 지배하고 싶었던 알렉산더 대왕은 인도에서 사탕수수를 먹고 "꿀이 흐르는 갈대"라고 불렀다. 네로 시대 로마의 철학자 디오스코리데스(Dioscorides)는 이 고체의 꿀을 두고 "소금처럼 빛나는 모양에 얼음처럼 단단하나 쉽게 깨지며 매우 달콤하다"고 표현했다. 사탕수수는 약해진 기관지를 강하게 하는 효능이 있다. 우리 농장에서는 매해 사탕수수를 심는다. 더운 날이 짧아 생육 기간이 한정되어 인도의 사탕수수처럼 통통하진 않지만 바로 수확하여 먹을 수 있어 싱싱하고 그 맛도 일품이다. 사탕수수 재배는 간단하다. 전해에 받은 씨앗을 다음해 이른 봄에 파종한다. 발아도 쉽고 성장도 빨라 물과 거름만 잘 주면 별 탈 없이 잘 자란다. 다만 뿌리가 깊게 내리니 화분 대신 정원에, 그늘보다는 햇볕이 강한 장소에 심는 것이 적당하다. 가을에 수확한 사탕수수의 줄기를 잘라 결대로 껍질을 벗겨낸 후 알맹이를 빨아 즙을 내거나 물에 끓이고 졸여서 요리나 커피, 허브티 등에 넣어보자. 줄기 끝에 꽃처럼 핀 적갈색 씨앗들은 실내 인테리어용으로 사용해도 좋다.

- 개사탕수수속 여러해살이 식물로 인도에서 자생
- 식물학명: *Saccharum officinarum*
- 키: 2~6미터
- 꽃 피는 시기: 9~10월
- 특징: 영양소가 풍부한 설탕의 원료로 껍질을 벗겨 음식이나 차에 설탕 대신 넣어 먹는다.
  인도에서 사탕수수를 손으로 수확할 때는 사탕수수 밭에 불을 지르고 시작하는데 이는 숨어 있는 독사 같은
  천적을 죽이기 위함이다. 하지만 신기하게도 사탕수수의 줄기나 뿌리는 상하지 않는다.

지황

地黃

자랄수록 열매처럼 둥글어지는 땅속 황금

지황은 뿌리를 사용하는 약초다. 일반적으로 떠올리게 되는 뿌리식물은 당근이나 인삼 같은 모습인데, 지황의 뿌리는 자라면서 끝부분이 점점 둥글게 커지는 것이 인상적이다. 중국이 원산지인 지황의 뛰어난 효능은 중국의 유명한 약학서『본초강목』에 많이 기록되어 있다. 지황의 이름은 땅 지(地), 누를 황(黃) 자를 써서 '지황(地黃)'이라고 지어졌다. '땅속에 자라는 황금'이라는 뜻이다. 땅속에 자라는 황금답게 지황은 오래전 황제들만 먹던 십전대보탕에 들어갔다. 생지황을 그대로 건조한 것을 건지황, 쪄서 건조한 것을 숙지황이라고 한다. 건조 방법에 따라 효능도 다르고 가격도 다르다. 숙지황은 구증구포(九蒸九曝) 방법을 사용하는 것이 정석이다. 이는『동의보감』과『본초강목』에 수록된 방법인데 쪄서 햇볕에 말리기를 아홉 번 반복하는 것이다. 지황을 찔 때는 찹쌀로 만든 청주에 뿌려서 찌는 것이 정석이다. 이렇게 아홉 번 반복하다 보면 지황이 쇳빛처럼 검게 되는데 찌면 찔수록 몸에 좋은 성분들이 더욱 배가된다. 특히 소화 장애에 효과가 있는 카타폴(catalpol) 성분은 14배나 증가한다. 숙지황은 몸의 면역력과 원기 회복을 높이는 효능이 있다. 몸이 허약한 사람들이 지황 뿌리를 뜨거운 물에 넣고 매일 물처럼 마시면 좋다. 뿌리를 사용하는 허브들은 모든 영양분을 뿌리에 보관하기 때문에 흙 속 거름에 유기물 함량이 중요하다. 또한 뿌리썩음병이 발생하지 않도록 흙의 물 빠짐을 관리해주는 것이 중요하다. 오염된 토양은 피하고 햇빛이 잘 들며 통풍이 잘되는 곳에 심도록 하자. 번식은 종자나 뿌리줄기로 하는데 뿌리줄기로 번식하는 방법은 이렇다. 가을에 수확한 황기 뿌리 중 작지만 제일 좋은 것을 고른다. 이 뿌리를 겨우내 땅 밑에 저장하거나 냉장고 안에 보관한다. 추운 겨울은 식물의 지상부는 죽일지 몰라도 씨앗의 생명력은 강하게 만든다. 땅속에 보관하는 경우라면 너무 춥지 않게 땅위에 왕겨나 짚을 덮어주는 것이 좋다. 4월에 파종하면 10~11월에 수확이 가능하다. 우리나라에서는 남부 지방에서 많이 재배되고 있다.

· 통화식물목 현삼과 여러해살이 식물로 중국에서 자생
· 식물학명: *Rehmannia glutinosa*
· 키: 20~30센티미터
· 꽃 피는 시기: 6~7월
· 특징: 면역력을 강화해주고 장기들을 보호해주는 허브.
　　　정원에 심는다.

카카오

Cacao

신의 음식이라 불리는 갈색 열매의 위기

나무줄기에 달린 거대한 피칸 모양의 열매를 본 적이 있는가? 아메리카의 가장 초기 문명인 올멕과 마야, 아즈텍 원주민들은 이 괴상하게 생긴 열매의 씨앗을 발효시켜 볶은 다음 갈아서 반죽으로 만들었다. 이 반죽에 물과 고춧가루, 옥수수가루 등의 재료를 넣고 함께 섞으면 살짝 매콤하면서도 달콤한 음료가 된다. 이것은 인류가 처음으로 만들어 먹었던 초콜릿이다. 초콜릿이 없는 세상을 과연 상상할 수 있을까? 서구인들은 초콜릿을 1인당 연평균 286개 먹는다고 한다. 초콜릿 286개를 만들려면 1년에 카카오나무 10그루가 필요하다. 오랜 기간 전 세계 농업에 대해 연구해온 영국 회사 하드먼 에그리비즈니스(Hardman Agribusiness)에서 발표한 보고서에 따르면 앞으로 30년 후면 지구온난화의 영향으로 카카오 열매가 살아남지 못할 것이라고 한다. 기온에 무척 예민한 카카오는 지구 평균기온이 2.1℃만 올라가도 생육에 심각한 영향을 받아 살지 못하기 때문이다. 앞으로 30년 뒤에는 이 달콤한 열매를 못 먹을 수도 있다니 참으로 슬픈 현실이 아닐 수 없다. 고대인들은 초콜릿을 '신의 음식'으로 여겼다. 이것은 속명 '테오브로마(Theobroma)'의 유래이기도 하다. 신대륙 개척을 나선 스페인 사람들은 16세기 초반 카카오를 유럽에 소개했다. 초반에 유럽인들은 카카오를 술에 넣어 데워 마시기도 했다. 카카오는 경제적으로 부유한 사람들만 먹을 수 있던 열매였고 한때 카카오 씨앗이 돈으로 사용된 적도 있을 정도다. 사실 초콜릿을 만드는 재료는 카카오 열매 안에 콩처럼 생긴 갈색 씨앗이다. 열매 속 끈적거리는 흰색 과육에 싸여 있는 이 갈색 씨앗에서 지방이 많은 코코아 오일과 알칼로이드가 풍부한 고단백 코코아 분말을 분리하여 초콜릿을 만든다. 16세기 후반부터 이 씨앗에 대한 효능이 연구되었는데, 카카오 씨앗에 들어 있는 강력한 항산화제, 소염제 역할을 하는 폴리페놀(polyphenol)은 콜레스테롤을 감소시키고 심장 건강을 좋게 한다고 알려져 있다. 일반적으로 나무가 심긴 지 4년 후부터 카카오 열매가 럭비공처럼 주렁주렁 달리며 30년까지 수확 가능하다. 오늘날 세계 최대 카카오 생산국이 코트디부아르인 것에서 짐작할 수 있듯이, 카카오나무는 적도를 중심으로 남북 위도 20도 이내, 비가 많이 오고 땅에 습기가 70퍼센트 이상으로 높으며 햇빛이 들어오지 않는 그늘진 곳에서 자란다. 카카오나무는 최저 기온이 16℃ 이하로 내려가면 살지 못한다. 그만큼 연약하여 질병에 대한 저항성이 약하다. 1년에 두 번 수확하는데 한 그루당 1년에 30개 정도의 열매를 수확할 수 있다.

· 벽오동과 상록교목으로 중앙아메리카, 남아메리카에서 자생
· 식물학명: Theobroma cacao
· 키: 4~10미터
· 꽃 피는 시기: 1년 내내(4~5년생부터 꽃이 핀다)
· 특징: 카페인과 비슷한 화합물인 테오브로민과 함께 소량의 카페인이 함유되어 있어 밤늦게 먹으면 잠을 못 이룰 수도 있다.

펜넬

Fennel

마라톤 대회를 가득 메웠던 노란 꽃

'회향(茴香)'이라고도 부르는 펜넬의 이름은 마라톤의 발상지 그리스에서 나왔다. 문자적으로 '마라톤(Marathon)'이라는 단어는 그리스어 '마라토(μάραθο)'에서 유래되었는데 이는 '펜넬(Fennel)'이라는 뜻을 가지고 있다. 마라톤 대회가 개최되던 시기면 마을 가득히 펜넬 꽃이 피어났기 때문이라고 한다. 고대 파피루스에도 기록되었을 정도로 펜넬은 재배된 역사가 길며 효능도 풍부하여 오래전부터 사용되어온 놀라운 허브다. 고대 그리스 의학자 히포크라테스와 디오스코리데스는 펜넬을 영아 산통과 모유 촉진 처방제로 사용했고, 고대 인도의 아유르베다 의사들은 펜넬을 소화제로 처방했다. 그 원산지에서는 3,000여 년이나 넘게 식용과 약용으로 재배되었다. 펜넬은 모든 부위를 먹을 수 있고 다양한 요리에 사용할 수 있는데 날것이나 갈거나 익힌 것을 향신료로 사용하고, 또한 말려서 허브티로 마신다. 펜넬의 꽃봉오리는 '향신료의 여왕'이라 불리는 고급향신료 펜넬폴렌(Fennel Pollen)으로 판매되고 있다. 펜넬에는 감초처럼 달달하면서 특유의 향을 지닌 아네톨이 함유되어 있어 육류와 해산물, 수프 등의 풍미를 높여준다. 서양 요리에는 대부분 알뿌리를 사용하고, 달콤하고 상큼한 맛의 씨는 음식의 잡냄새를 없애고 맛을 돋우는 향신료로 쓴다. 인도에서는 펜넬 씨앗을 입냄새를 없애고 소화를 돕기 위해 캔디처럼 씹어 먹기도 하고 우려내어 허브티로도 마신다. 펜넬 줄기와 꽃을 우린 물은 특히 모유 수유 중인 산모에게 좋다. 속명인 '포에니쿨룸(Foeniculum)'은 불에 잘 타는 식물인 '건초'를 의미하는 라틴어 '파에눔(faenum)'에서 유래되었다. 따뜻한 지중해에서는 여러해살이 식물이지만 우리나라에서는 기후 특성상 한해살이 혹은 두해살이로 자란다. 4~5가지 품종이 있으나 식용으로 주로 사용되는 것은 플로렌스펜넬(Florence Fennel)이다. 잎과 꽃, 씨앗의 향이 모두 딜과 비슷하지만 줄기 하단부에 양파처럼 통통한 알뿌리가 있는 것이 특징이다. 씨앗은 이른 봄에 뿌리는 것이 적당하다. 1.5~2미터까지 곧게 자라며 줄기 속은 대나무처럼 비어 있다. 지중해 바닷가 부근이 자생지인 만큼 약알칼리성(pH 7~8.5)의 건조한 석회질 토양에서 잘 자란다. 햇빛을 좋아하고 뿌리가 깊게 내리기 때문에 양지바른 정원 가장자리나 포인트로 심으면 펜넬의 독특한 모양이 특색 있는 분위기를 연출해줄 것이다. 우리나라에서는 재배하는 곳이 많지 않아 쉽게 구할 수 없는 허브이지만, 인내심을 가지고 한번 키워본다면 가을하늘 아래 활짝 펼쳐진 노란 우산 모양의 펜넬 꽃이 주는 큰 즐거움을 발견할 수 있을 것이다.

- 미나리과 회향속 여러해살이 식물로 그리스에서 자생
- 식물학명: *Foeniculum vulgare*
- 키: 1.5~2미터
- 꽃 피는 시기: 4~10월
- 특징: 모유 수유 중인 산모나 영유아 산통에 좋은 허브.
  꽃, 잎, 줄기, 뿌리, 씨앗 모든 부위를 먹을 수 있다.
  이른 봄에 씨앗을 뿌려 가을에 수확하며 정원에 심는다.

황기

皇耆

임금님이 먹었던 긴 뿌리

황기는 2,000년 전부터 체력을 증강하는 약으로 먹었던 동양 허브다. 임금 황(皇), 늙을 기(耆), 그 이름의 한자 그대로 황기는 임금들이 먹던 보약초로 중국 의학에서는 중요한 강장제로 여겨져왔다. 중국 최초의 전통 약물학서 『신농본초경』에는 건강을 보호해주는 에너지와 기를 북돋아주는 황기가 피로와 면역력을 키워준다고 기록되어 있다. 허약한 체질에 처방하는 보중익기탕(補中益氣湯)에도 황기가 들어간다. 치료해야 할 증상에 따라 황기를 다른 허브와 혼합해 사용하기도 하는데 지황, 인삼, 당귀, 감초 등과 함께 황기 뿌리를 넣어 만드는 십전대보탕(十全大補湯)이 좋은 예다. 신경 흥분을 조정하는 감마아미노산이 풍부하게 들어 있어 황기를 꾸준히 먹으면 고혈압 예방에 도움이 된다. 또한 우리 몸의 면역체계를 높인다. 일반적으로 2~3년 이상 키워야 황기의 뿌리에 좋은 효능이 많아진다. 속명 '아스트라갈루스(Astragalus)'는 '복사뼈(Ankle-bone)'라는 뜻으로 그리스어에서 유래되었다. 그리스인들은 동물의 복사뼈를 주사위로 사용했는데 황기의 씨앗 꼬투리를 건조시키면 주사위를 굴릴 때와 비슷한 소리가 난다 해서 붙여진 이름이다. 일반적으로 몽골과 중국 북서쪽 주변 산간 지역, 평야, 초원 등에 자생하는데, 특히 몽골에서 자라는 황기의 품질이 제일 좋다. 황기의 크기는 길게는 1미터까지 자라는데 수확기까지 계속 꽃이 피는 무한화서다. 한 꽃대에 나비 모양의 엷은 노란색 꽃이 10~20송이 정도 핀다. 꽃 하나에는 암술 1개와 수술 10개가 있는데 구기자와 마찬가지로 나비와 꿀벌의 힘이 필요한 자가불화합성(自家不和合性), 즉 스스로 수정을 못하는 식물이다. 황기는 씨앗으로 번식하는데 씨앗이 딱딱하고 물을 잘 흡수하지 못하기 때문에 심기 전 씨앗을 사포로 문질러 하루 정도 물에 담가두었다가 파종하면 발아가 잘된다. 햇빛이 잘 들어오고 물이 잘 빠지며 약알칼리성을 띤 모래흙에서 잘 자란다. 황기는 장기간 복용해도 인체에 무해하여 다른 허브와 섞어 뜨거운 물에 우려내거나, 물 1리터에 황기 뿌리 6테이블스푼 정도를 넣고 허브티로 끓여서 꾸준히 마시면 좋다. 건조시킨 황기 분말을 매일 요리에 넣어 먹어도 된다.

· 콩과 황기속 여러해살이 식물로 몽골, 중국 북부에서 자생
· 식물학명: Astragalus membranaceus
· 키: 40~100센티미터
· 꽃 피는 시기: 7~8월
· 특징: 산지의 바위틈에서 주로 자생하고 가을에 수확한다.

All That Herb

예술은 자연과 함께할 때 조화롭다.

—폴 세잔

Eutrema japonicum

Cymbopogon citratus

Eruca sativa

Allium victorialis

Ocimum basilicum

Apium graveolens

Artemisia princeps

Cynara scolymus

Thymus vulgaris

Petroselinum crispum

Humulus lupulus

고추냉이

Horseradish

깨끗한 곳에서만 자라는 초록 뿌리

달콤한 잠에 빠져 일어나기 싫은 아침, 갑자기 눈과 코에 느껴지는 찌를 듯한 고통으로 불현듯 잠이 깬다. 2009년 소리를 듣지 못하는 청각장애인들을 위해 개발된 '느닷없는 매운 향기 알람경보기'는 이그노벨상을 수상했다. 3명의 일본 과학자들이 개발한 이 알람시계는 고추냉이에서 매운 향을 구성하는 성분을 추출하여 소리 대신 매운 냄새를 내보내도록 만들어진 것이다. 고추냉이의 매운맛은 고추에 들어 있는 캡사이신(capsaicin)이 아니라 시니그린(sinigrin)이라는 성분에서 온다. 시니그린은 주로 향으로 느껴지는 매운맛이다. 공기 중 산소와 반응하면서 특유의 매운 향을 만들어내기 때문에 오일 성분의 캡사이신과 달리 매운맛은 금세 가라앉지만 적은 양으로도 코끝을 찡하게 하는 매운 향이 고통스러울 정도로 강하다. 이 매운 성분은 고추냉이의 뿌리에 제일 많은데 일본에서는 이 뿌리를 즉석에서 바로 갈아 스시나 소바에 곁들여 먹는다. 고추냉이를 생선과 함께 먹는 이유는 고추냉이가 생선의 비린내나 느끼함을 잡아주기도 하지만 살균 효과가 풍부해 식중독 예방에 좋은 까닭이다. 후각을 자극하는 톡 쏘는 매운 향의 고추냉이는 줄기, 잎, 뿌리, 어느 하나 버릴 게 없다. 뿌리는 갈아서 생선 요리나 메밀소바에 넣어 먹고 어린잎과 줄기는 매운 향이 연해 샐러드나 장아찌, 무침으로 먹기도 한다. 일본의 유명한 다이오농장에 가면 15헥타르가 넘는 넓은 고추냉이 밭이 펼쳐진다. 물이 깨끗한 곳에서만 자라는 반음지 식물인 고추냉이는 재배 조건이 조금 까다로운데 온도가 10~15℃로 유지되고 물이 많은 그늘에서 잘 자란다. 또한 평지보다는 나무가 우거져 그늘지고 습기가 가득해 축축하고 시원한 산간 계곡을 좋아한다. 이런 환경적 조건이 충족되지 않으면 무더운 여름철에는 말라 죽고 추운 겨울철에는 얼어 죽는다. 집에서 키울 경우 물에 양액을 넣어 계속 흘려보내주는 수경 재배를 권한다. 흙으로 키울 수도 있지만 뿌리보다 잎을 보기 위한 관상용으로 심을 때 적절하다. 고추냉이의 튼튼한 초록색 뿌리는 적어도 2년은 자라야 상품으로 가치가 있다. 우리나라에서는 물이 깨끗한 철원에서 주로 재배되고 있다. 봄이 오면 피는 앙증맞은 하얀색 꽃을 구경하고 싶다면 맑은 개울가를 잘 살펴보자. 혹시나 까탈스러운 고추냉이가 한편에 고이 자리 잡고 있을지도 모른다.

· 양귀비목 겨자과의 여러해살이 식물로 한국, 일본에서 자생
· 식물학명: *Eutrema japonicum*
· 키: 30~50센티미터
· 꽃 피는 시기: 3~4월(봄에 흰색 꽃이 피는 십자화 허브)
· 특징: 깨끗하게 흐르는 물과 시원한 온도를 좋아해 수경 재배로 기르는 것이 적당하다.

레몬그라스

Lemongrass

레몬향이 나는 싱그러운 잡초

뿌리는 대파와 비슷한 모양이지만 자라난 잎만 본다면 무성하게 자란 잡초 같다. 이렇듯 레몬그라스는 다른 허브들에 비해 그다지 아름답지 않고 풀만 무성한 듯 보여 자칫 잡초로 오해받기도 한다. 강한 레몬 향과 맛 때문에 우리나라에서는 소수 외국인 레스토랑을 제외하고는 찾는 분들이 별로 없다. 하지만 인도, 태국, 필리핀 등 동남아시아에서는 요리에 항상 빠지지 않고 넣는 향신료로 쓰인다. 열대 지방에서 주로 자생하는 이 식물은 여러해살이지만 우리나라에서는 기후 특성상 한해살이로밖에 못 산다. 레몬그라스의 잎은 벼처럼 가늘고 길지만 그 키는 1~1.5미터로 벼보다 더 풍성하고 크게 자란다. 레몬그라스의 잎에서 나는 상큼한 레몬향은 바람이 불거나 그 잎을 한 움큼 찢어 비비면 더 강해진다. 잎과 도톰한 뿌리에 들어 있는 풍부한 철분, 칼륨, 칼슘, 아연, 마그네슘, 비타민 A, B1, B2, B6, C, 베타카로틴은 콜레스테롤을 낮춰주고 면역력을 강화시키며 각종 통증이나 해열에 효능이 있다. 이처럼 몸을 건강하게 만들어주는 레몬그라스의 잎은 건조시켜 허브티로 마시며 분말로 만들어 요리의 향신료로 쓴다. 강한 레몬향은 생강과 잘 어울려 허브티에 함께 넣어 마시면 감기나 위에 좋다. 줄기는 요리로 주로 사용하는데 커리와 락사 등 향신료가 강한 요리에는 생줄기를 통째로 넣어 사용한다. 줄기의 레몬맛을 더 풍성하게 살리고 싶다면 겉껍질을 벗기고 살짝 두들겨 으깬 후 잘게 다져 요리에 넣으면 된다. 레몬그라스가 가지고 있는 특유의 향에는 식욕 증진과 매운맛을 식혀주는 효과가 있다. 이 향은 향료로도 쓰는데 잎, 줄기, 뿌리를 증류해서 얻은 오일에는 시트랄(citral, 화장품 등에 쓰이는 착향료 레몬유)이 들어 있어 비누, 린스, 향수, 약품, 캔디 등의 원료가 된다. 이 밖에도 살충 효과가 뛰어나 모기나 벌레, 해충을 쫓는 데 사용하기도 한다. 또한 방부 효과가 뛰어나 음식 보존제로 쓰인다. 햇빛이 강한 한여름 기후에 잘 자라는 레몬그라스는 벼와 비슷하게 점토질의 유기질 토양을 좋아한다. 물을 좋아하는 편이라 건조해지기 전에 미리 물을 주는 것이 좋다. 기온이 8℃ 이하로 내려가면 성장하지 못하므로 겨울에는 실내로 옮겨주자.

· 외떡잎 식물, 벼과 여러해살이 식물로 인도, 스리랑카, 말레이시아에서 자생
· 식물학명: *Cymbopogon citratus*
· 키: 90~150센티미터
· 꽃 피는 시기: 8~9월(열대 지역 자생지를 제외하고는 꽃이 거의 피지 않는다)
· 특징: 잎, 줄기, 뿌리를 요리, 허브티, 향료로 사용한다.
　　　 햇빛이 뜨거운 여름에 잘 자라며 정원에서 키우길 권한다.

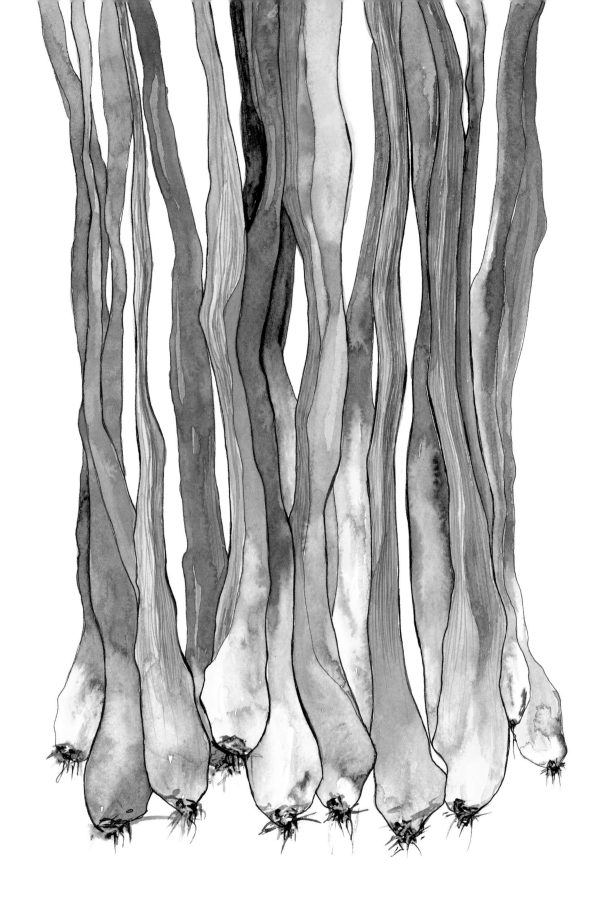

루꼴라

Roket

뿌린 대로 거두는 향기의 품격

고수나 파슬리처럼 1년밖에 살지 못하기 때문에 다음해 또 파종해야 하는 번거로움이 있는 허브이지만, 씨만 뿌려놓으면 잘 자라고 한 번 심어두면 계속 따서 먹을 수 있으니 루꼴라 하나만 있어도 모든 요리가 행복해진다. 흔히 피자나 파스타와 같은 이탈리안 요리와 궁합이 맞는 허브로 알려져 있는데, 비빔밥에 넣어 먹고 상추와 함께 곁들여 삼겹살을 싸먹는 것도 제법 잘 어울린다. 겨자처럼 톡 쏘는 매운맛과 고소한 루꼴라의 향이 육즙과 어우러지는 맛은 한 번 맛보면 절대 잊을 수 없는 매력이 있다. 무처럼 매운맛이 나서 일본에서는 '키바나스즈시로(キバナスズシロ)'라고 불린다. 우리가 흔히 부르는 '루꼴라(Rucola)'는 이탈리어인데 라틴어 '에루카(eruca)'에서 유래되었다. 미국에서는 루꼴라를 '아루굴라(Arugula)' 혹은 '로켓(Roket)'이라 부른다. 역사적으로 루꼴라는 최음제나 마약으로 구분되어 식용이 금지된 적도 있었다. 십자화과 또는 배추과 식물인데 꽃이 필 때 꽃잎 개수가 십자 모양인 네 장이라서 그렇게 불린다. 일반적으로 십자화과 식물들은 영양소가 풍부하여 암 예방에 효능이 있다. 루꼴라는 씨앗만 뿌려놓으면 어디서든 잘 자라서 라틴어로 '씨 뿌리다'라는 의미의 종명 '사티바(sativa)'가 붙었다. 크게는 90센티미터 정도까지 자라는데 20~30센티미터의 어린잎이 가장 연하고 맛있다. 정원이나 화분 어느 곳에서도 개의치 않고 잘 자란다. 단, 토양에 영양분이 진하게 배인 거름과 물을 좋아한다. 거름은 심기 전 충분히 주고 물은 건조해지면 자주 주자. 서늘한 기후인 봄, 가을에 파종하는데 강한 햇빛을 피한 반양지, 통풍이 잘되는 곳에 심는 것이 적당하다. 비타민 A, B, C, E가 풍부하고 베타카로틴과 엽산, 철분, 칼륨, 칼슘 등 미네랄이 풍부하고 항산화 효과가 뛰어나다. 루꼴라의 잎과 씨앗은 기름에 향을 내는 데도 사용하는데, 루꼴라에 들어 있는 베타카로틴은 기름과 같이 조리해 먹으면 60~70퍼센트로 함량이 높아진다. 칼로리가 낮고 영양소가 풍부하여 다른 채소들과 함께 샐러드로 먹으면 영양 가득 향기롭고 맛있는 다이어트 건강 식단을 만들 수 있다. 또 육류나 생선 요리의 완성 단계에 살짝 넣어 마무리해주면 요리의 향과 맛이 더 풍미로워진다. 시장에서 쉽게 씨앗을 구할 수 있으니 주방 근처에 심어두고 요리할 때마다 잘라 사용해보자.

· 배추과 에루카속 한해살이 식물로 지중해에서 자생
· 식물학명: *Eruca sativa*
· 키: 1미터
· 꽃 피는 시기: 6~7월
· 특징: 항산화, 심장 질환, 당뇨병, 간, 신장, 다이어트와 피부 미용까지 효과가 좋은 영양만점 허브.
　　　단독으로 요리하기보다는 다른 재료와 섞어 이용하면 좋다.

명이나물

Siberian Onion

울릉도에서 시베리아까지 피어나는 신선초

'야생양파'라고도 부르는 명이나물은 아시아 북반구 지역 높고 깊은 산에서만 자생한다. 중국에서는 '산총(山蔥)'이라 부르는데 이는 '산에서 나는 양파'라는 뜻이다. 일본에서는 불교 승려들이 수련할 때 먹던 식물이라 하여 '교자닌니쿠(ギョウジャニンニク)'라 부르고, 우리나라에서는 '산마늘(Mountain Garlic)'이나 '울릉산마늘', 혹은 '명이나물'이라 부른다. 마늘처럼 귀한 효능이 듬뿍 들어 있고 잎에서 마늘 향과 맛이 나기 때문에 '산에서 자라는 마늘', 즉 '산마늘'이라 부르고, 먹을 것이 없던 겨울철 산에서 캐 먹으며 영양을 보충했다는 데서 유래되어 '명이나물'이라 부르는 것이다. 높고 깊은 산에서만 자라는 생육 특성상 우리나라에서는 울릉도와 강원도 산골에 분포되어 있다. 그중 울릉도산 명이나물이 제일 연하고 맛이 좋다. 특이하게도 명이나물은 여름에 파종하는데, 적어도 4년은 키워야 식용이 가능하다. 오랜 시간을 기다려야 하지만 한 번 심어놓으면 눈이 오는 겨울에도 녹색 잎을 볼 수 있으니 앙상하게 변한 하얀 겨울을 생명의 기운으로 감싸주는 즐거움을 선사한다. 선명한 초록색의 넓은 잎과 잎맥, 잎들이 곧게 말려져 올라가면서 자연스럽게 생긴 주름들, 눈이 온 후 피어난 이 녹색 식물의 생명력을 보는 것만으로도 자연의 신비에 감탄하게 된다. '신선초'라 불릴 만큼 미네랄과 비타민 함유량이 많아 우리 몸의 면역력을 높여주는 귀한 약초로, 중국에서는 몸이 쇠약할 때 먹는 자양강장에 좋다고 알려져 있고, 일본에서는 승려들이 수련할 때 체력을 보강하기 위해 먹었다. 마늘보다 효능이 뛰어나다는 연구 결과도 있다. 무엇보다 마늘향이 나는 특유의 향미와 아삭아삭한 맛이 반찬 요리에 잘 어울린다. 삼겹살을 싸 먹어도 맛있고 생잎을 된장에 그냥 찍어 먹어도 맛이 좋다. 제철인 4~5월이 지나면 수확하기가 힘들고 수확 후 하루만 지나도 금방 시들기 때문에 보통 장아찌를 만들어 먹는다. 끓이고 식힌 간장과 식초에 절여 숙성된 명이나물 장아찌는 항상 인기만점이며, 숙성 과정을 거치면서 영양분이 더욱 풍부해진다. 명이나물은 토양이 비옥하고 공기가 맑은 곳에서 잘 자란다. 육지에서 키울 경우 600미터 이상의 고지대에서 재배해야 한다.

· 백합과 부추속 여러해살이 식물로 한국, 시베리아, 중국, 일본에서 자생
· 식물학명: *Allium ochotense*
· 키: 20~30센티미터
· 꽃 피는 시기: 5~7월
· 특징: 항암 효과, 성인병, 혈관 기능 개선 등에 좋다.
　　　땅에서 자란 모양이 마치 옥잠화와 비슷해 헷갈리기 쉬우니 주의하자.

스위트바질

바질

Basil

요리 중에 으뜸인 허브의 제왕

기후와 습도에 민감한 바질은 기후차가 심한 우리나라에서는 키우기가 힘든 허브 중 하나다. 허브 경매장에서는 매해 여름과 겨울 바질값이 금값으로 치솟는다. 자생지에서는 종교적 의미로 신성시하며 5,000년 전부터 키워져 온 허브이지만, 전 세계로 바질이 알려지게 된 것은 16세기 서유럽으로 퍼지면서부터니 역사가 그리 길지 않다. 바질이 세계 전역에서 사랑받는 허브로 자리 잡게 되기 전 인도와 이집트, 그리스에서는 바질을 죽음에서 신으로 향하는 길, 즉 사후 세계의 문을 여는 의식에 사용했다. 바질의 종명 '바실리쿰(basilicum)'은 '제왕'을 뜻하는 그리스어 '바실리콘 푸톤(βασιλικόν φυτόν)'과 라틴어 '바실리우스(Basilius)'에서 유래되었다. 지금은 요리에서 없어서는 안 될 '허브의 제왕'이 고대에는 죽음, 부활과 관련된 영적인 면에서 '제왕'이었다니 참 아이러니하지 않은가. 이는 아마도 바질이 가지고 있는 독특한 향과 효능 때문이지 않을까 조심스럽게 생각해본다. 바질은 뛰어난 살균 효과가 있어 고대 그리스 왕실에서는 왕족이나 귀족들의 상처를 치료할 때 사용되었다. 바질은 160종이 넘는 다양한 종류가 존재한다. 그중 스위트바질(Sweet Basil), 레몬바질(Lemon Basil), 타이바질(Thai Basil), 홀리바질(Holy Basil)의 네 가지가 대표적으로 많이 사용된다. 우리가 흔히 알고 있는 바질은 커다란 초록색 모양 잎을 가진 스위트바질이다. 스위트바질은 주로 서양 요리에 많이 쓰인다. 생잎을 통째로 음식에 넣어 먹거나 갈거나 빻아서 페스토를 만들어 먹기도 한다. 씨앗은 다이어트 용도로 인기가 많은데 물에 불려 먹거나 요리에 뿌려 먹기도 한다. 바질은 살균과 소염에 좋은 작용을 하고 피로 회복, 자양강장에 도움을 준다. 레몬바질, 타이바질은 동남아시아 요리의 대표적 향신료로 쓰인다. 레몬바질은 레몬향이 나는 바질로 라오스와 캄보디아의 고급 요리에 들어간다. 타이바질에는 베트남, 타이 음식을 먹을 때 맡을 수 있는 진한 향신료 향기가 난다. 이름부터 인도의 종교적 느낌이 물씬 풍기는 홀리바질은 '툴시(Tulsi)'라고 불리는데 약용과 에센셜 오일, 허브티로 많이 사용된다. 또 최근 개발된 변종으로 다크오팔바질(Dark Opal Basil)이 있다. 진한 보라색 잎에 안토시아닌이 풍부하게 들어 있는 다크오팔바질은 식초에 담그면 식초가 멋진 진홍빛으로 변한다. 일반적으로 바질은 과습과 덥고 추운 날씨를 싫어해서 봄, 가을에 씨앗을 파종하며 화분에서도 잘 자란다.

· 꿀풀과 한해살이 식물로 아프리카에서 동남아시아에 걸쳐 자생
· 식물학명: *Ocimum basilicum*
· 키: 30~130센티미터
· 꽃 피는 시기: 6~9월
· 특징: 잎과 씨앗을 식용이나 약용한다.
　　　 우울증, 집중력을 향상시켜 시험을 앞둔 수험생이 먹으면 도움이 된다.

타이바질

스위트바질

레몬바질

다크 오팔바질

셀러리

Celery

하나도 버릴 것이 없는 거인 파슬리

칼 폰 린네가 1753년 저술한 『식물의 종(Species Plantarum)』에 따르면 셀러리(Celery)는 프랑스어 '셀러리(céleri)'에서 유래되었다. 이 프랑스어는 라틴어 '셀리논(selinon)'에서 유래되었고, 이 라틴어는 '파슬리'를 뜻하는 그리스어 '셀리논(σέλινον)'에서 온 말이다. 많은 유럽 국가들을 넘나들며 고대에 약용으로 재배되던 셀러리는 습지대 주변에서 자라는 습지 식물이다. 물을 좋아해 수경 재배로도 잘 자란다. 흔히 줄기만 먹고 쓴맛이 강한 잎은 버리지만, 나는 잎을 먹기 위해 셀러리를 키운다. 다양한 요리에 활용 가능한 셀러리 잎은 버리기가 참 아깝다. 파슬리보다 은은한 향기와 독특하게 느껴지는 쌉쌀한 맛이 파슬리 대용으로 제격이다. 수프에 한두 잎 올려 먹기도 하고 육수를 낼 때나 양념할 때 잘게 잘라 넣으면 파슬리의 그윽한 향과 맛을 느낄 수 있다. 파프리카와 마요네즈를 곁들인 감자 샐러드 안에 셀러리 잎을 잘게 썰어 넣어보자. 비스킷에 치즈, 참치, 살라미 등을 올린 카나페 위에 셀러리 한 잎을 올려놓고 와인이 생각나는 밤에 먹어보자. 잎 한 장만 올렸을 뿐인데 전혀 색다른 맛이 나는 향기롭고 건강한 안주가 만들어진다. 셀러리는 고기나 생선 요리, 치즈, 감자, 견과류, 토마토에 넣어도 잘 어울린다. 파스타용 토마토 소스에 파슬리 대신 잘게 잘라 사용해도 좋다. 셀러리 줄기는 수분이 가득한 아삭아삭한 맛이 일품인데 줄기 가운데 움푹 들어간 홈에 땅콩버터를 잼처럼 올려놓고 먹는 것도 별미다. 미국 스포츠의학대학에서는 영양소가 많은 이 둘의 궁합이 건강한 다이어트를 위한 적절한 간식이라고 발표했다. 불포화지방산인 땅콩버터는 다량 섭취 시 살을 빼는 데 그리 효과적이진 않지만 매우 낮은 칼로리에 풍부한 영양이 들어 있는 셀러리와 함께 먹으면 금방 포만감이 생겨 배가 쉽게 불러진다. 셀러리에 함유되어 있는 식물성 생리활성 물질은 콜레스테롤 수치를 낮춰주는 역할을 한다. 따라서 고기를 매일 먹는다면 셀러리도 함께 매일 먹기를 권한다. 미나리과인 셀러리는 겨울이 지나고 봄이 오면 잎끝에 씨가 달린다. 수확한 씨는 냉장고에 저온 보관하면 또 씨앗을 뿌릴 수 있다. 또한 셀러리의 변종인 셀러리악(Celeriac, 뿌리셀러리)을 다양한 방법으로 조리해 먹기도 한다. 잎, 줄기, 뿌리, 어느 하나 버릴 것이 없는 '거인 파슬리'를 햇볕이 잘 드는 부엌에 놓고 키워가며 요리할 때마다 잘라 사용해보자.

· 산형화목 미나리과 한해살이 식물로 지중해에서 자생
· 식물학명: *Apium graveolens*
· 키: 60~90센티미터
· 꽃 피는 시기: 6~9월
· 특징: 섬유질이 많아 변비와 다이어트에 좋다.

셀러리악

쑥

Korean Wormwood

역경을 딛고 제일 먼저 피어나다

먹으면 사람이 되는 허브, 쑥쑥 자라 쑥. 예로부터 내려오는 쑥에 대한 설이다. 나에게 쑥은 어린 시절 소중한 분들을 생각나게 해주는 식물이다. 건강을 제일로 생각하는 우리 집의 단골 간식은 쑥이었다. 식탁 위에는 항상 김이 모락모락 나는 쑥떡이 가득했다. 식사 후 생각나는 달달한 디저트로 어머니가 만든 쑥떡을 꿀에 발라 먹고는 했다. 할아버지에게 쑥은 만병통치약이었다. 어린 내 조그만 손 위에 체해도 쑥뜸, 머리가 아파도 쑥뜸, 소화가 안 되도 쑥뜸을 올려주셨다. 농장 일을 배우며 알게 되었다. 몸에 이로운 쑥이 엄청난 생명력을 가진 허브라는 것을. 쑥의 강한 생명력은 히로시마에 원자폭탄이 떨어져 잿더미가 되었을 때 가장 먼저 돋아났던 식물이라는 것에서도 알 수 있다. 척박한 환경에서도 쑥쑥 잘 자라고 서민들에게 가장 쉽게 구할 수 있는 약초 노릇을 해왔기 때문에 '쑥'인 걸까. 하지만 쑥쑥 자라는 쑥이라도 언제든지 먹을 수 있는 것은 아니다. 5월에 수확한 어린잎이 맛과 향이 가장 좋다. 『동의보감』에도 "단옷날 해 뜨기 전에 채취한 것이 효과가 가장 좋다"라고 기록되어 있다. 너무 키가 커져 버린 여름과 가을이 되면 향이 지나치게 진하고 너무 억세고 질겨 먹을 수가 없다. 또한 차가 많이 지나다니는 도로가에 있는 쑥은 뜯지 않는 것이 바람직하다. 잎으로 모든 중금속과 매연을 흡수하기 때문이다. 가을에 피는 하얀 쑥 꽃은 차로 덖어 마시는데, 이 꽃은 서리가 내리기 전에 채취하여 먹는 것이 효능이 가장 뛰어나다. 이 시기에 꽃을 덖는 꽃소믈리에들이 쑥 꽃을 채취하러 들과 산으로 다니는 것을 볼 수 있을 것이다. 쑥에도 종류가 많다. 국내에서 자라는 쑥 식물은 모두 40여 종이 있는데 우리가 일반적으로 먹는 쑥은 약쑥, 참쑥, 황해쑥, 개똥쑥, 사철쑥이다. 국, 떡 등 쑥으로 만든 음식은 우리 몸의 생리 기능을 강화하고 피를 맑게 하여 몸속을 깨끗하게 해준다. 쑥을 말려서 뜸으로 사용하면 허약한 체력, 통증 완화, 여성 질환, 면역력 강화, 관절 질환에 도움을 준다. 또한 쑥의 강한 향기는 모기들이 싫어해서 모기향이 없던 시절에는 쑥을 태워 모기를 쫓기도 했다. 상처가 났을 때 쑥을 빻아 바르면 초기 감염을 막아주는 효능이 있어 민간요법으로 사용하기도 했다.

· 국화과 여러해살이 식물로 한국에서 자생
· 식물학명: *Artemisia princeps*
· 키: 60~120센티미터
· 꽃 피는 시기: 7~9월
· 특징: 생장력과 번식력이 뛰어나다.
　　　봄에 초원을 가득 메우는 쑥의 잎은 5월이 수확 적기이고, 꽃은 서리 내리기 전이 가장 좋다.

아티초크

Artichoke

채소처럼 먹는 꽃봉오리

와인의 고장 캘리포니아 나파밸리 레스토랑에는 스테이크 사이드로 감자 대신 괴상한 물체가 나온다. 이 물체가 얼마나 괴상하게 생겼느냐면 크기는 어른 손바닥만 하고 딱딱한 껍질들로 겹겹이 쌓여 있다. 이 둥근 물체는 반으로 잘려 불로 구워졌는데 딱딱한 껍질을 한 장씩 벗겨 이빨로 그 속에 붙어 있는 연한 부분을 긁어 먹거나 포크로 발라 먹는다. 이것을 '아티초크의 꽃봉오리'라고 한다. 그리스, 로마 시대에는 아티초크를 재배하여 꽃봉오리를 채소처럼 요리해 먹고는 했다. 유럽에서는 지금도 아티초크를 채소처럼 요리해 먹는다. 이 신비한 꽃봉오리는 19세기에 미국에 전해지면서 전 세계로 퍼지기 시작했다. 브로콜리처럼 꽃이 피기 전 수확한 꽃봉오리를 식용으로 쓰는데 꽃봉오리 가운데 붉은 부분이 가장 연한 부분으로 별미다. 이 부분에는 항산화 효과가 뛰어난 석탄산 물질이 함유되어 있어 산소와 반응하면 그 색이 점점 붉어진다. 꽃봉오리를 반으로 잘라 살짝 데치거나 찌거나 불에 구워 올리브유와 후추, 소금을 뿌려먹으면 맛있는 아티초크 꽃봉오리 요리가 완성된다. 물에 데칠 때 소금이나 레몬을 넣어주면 더욱 부드럽고 향미가 가득해진다. 아티초크는 홍화나 밀크시슬과 함께 엉겅퀴과인데 이 허브들과 마찬가지로 무더운 여름에 자주색 꽃이 핀다. 키가 2미터까지 크게 자라고 따뜻한 기후를 좋아하기 때문에 우리나라에서는 남부 지역에서 재배하고 1년에 단 한 번 5~6월에만 수확 가능하다. 수확 후 저장 기간이 짧아 호텔 및 레스토랑의 고급 요리 재료로 사용된다. 국내에서는 키우는 곳도 드물어 아티초크를 구하기가 하늘의 별따기다. 잎들은 갈라진 모양으로 길게 뻗어 자라기 때문에 어느 정도 간격을 두고 심는 것이 적당하다. 2년째 되는 해부터 꽃봉오리를 수확할 수 있는데 최대 5년까지 수확이 가능하다. 약용 식물로도 유명한 아티초크는 영양소가 골고루 들어간 완전식품 중 하나다. 담즙 분비를 촉진하는 시나린(cynarin) 성분이 다량 함유되어 다이어트는 물론 술과 담배로 상한 몸을 해독하는 작용을 한다. 이 성분은 잎에 특히 많아 주로 잎을 약재로 이용한다. 잎은 말려 허브티로 사용하고 꽃봉오리는 파스타나 샐러드, 치즈 구이, 피클 등 다양한 요리에 넣어 먹는다. 아티초크를 가공해 만든 통조림을 해외 마트에서 구입할 수도 있다. 구매한 아티초크는 바로 먹는 것이 좋고, 냉장고에 보관할 경우 신문지로 싸서 비닐봉지에 넣어두면 비교적 오래간다.

· 키나라속 여러해살이 식물로 지중해에서 자생
· 식물학명: *Cynara scolymus*
· 키: 1.4~2미터
· 꽃 피는 시기: 5~8월
· 특징: 몸을 해독시키는 꽃봉오리 허브.
  따뜻한 곳에서만 재배 가능하고, 화분보다는 정원에 심는 것이 알맞다.

타임

Thyme

백리까지 가는 그윽한 향기

커먼타임

실버타임

골드레몬타임

그 향이 백리까지 간다 해서 '백리향(百里香)'이라 부르는 허브로, 덥고 건조하며 돌이 많은 지중해 언덕에서 야생으로 자라던 작지만 강한 식물이다. 아름다운 향기에 더해 효능까지 뛰어나 오래전부터 다방면으로 사용되어왔다. 고대 이집트인들은 살균, 방부 효과가 뛰어난 타임을 오일로 추출하여 미라를 만들 때 사용했다. 그리스인들은 장례식에서 타임으로 향을 피워 죽은 사람들을 보내는 의식을 치렀다. 타임은 용기의 상징이기도 했다. 종명 '불가리스(*vulgaris*)'는 그리스어로 '용기'를 뜻하는데 중세 시대 여인들은 자신의 용맹한 기사들에게 타임을 선물했다. 불면증을 위해 타임을 베개 아래 두기도 했다. 항균 효과가 뛰어나 '가난한 이들의 항생제'라 불리며 항생제가 없던 시절 그 역할을 대신했고 14세기 유럽 전역을 초토화시킨 흑사병이 발병하던 때 없어서는 안 될 항생치료제로 사용되었다. 제1차 세계대전에는 타임 오일이 전쟁터에서 사용되었다. 프랑스에서는 타임으로 부케 가르니를 만들어 요리의 풍미제로 사용한다. 조화로운 삶을 위한 100가지 레시피를 수록한 『다니엘 플랜 쿡북』에서는 타임을 "치즈를 넣은 퓌레 등과 같은 요리에 빠지지 않는 허브이며 불면증과 우울증에 도움을 주어 허브티로 많이 마신다"고 기록하고 있다. 요리의 부향제로 사용하며 육류나 어패류의 냄새를 없애고 소화를 돕는 작용을 한다. 오늘날 타임으로 만든 에센셜 오일을 목욕, 가습기, 섬유 등에 떨어뜨려 아토피나 여드름, 숙면 등에 사용하기도 한다. 수 세기 동안 정원에서 향기 식물로 재배된 타임은 지구상에 220여 종이 서식하고 있다. 우리 농장에서는 커먼타임(Common Thyme), 실버타임(Silver Thyme), 레몬타임(Lemon Thyme), 골든레몬타임(Golden Lemon Thyme), 오렌지타임(Orange Thyme)을 키운다. 커먼타임(가든타임)은 가장 흔하게 심는 타임의 종류로 강한 매운 향이 나는 것이 특징이고 4~5월에 연보라색 꽃을 피운다. 실버타임은 올리브색 잎에 테두리만 흰색으로 칠한 모양이며 은은한 향을 가졌다. 디저트, 칵테일, 요리 장식으로 잘 어울리는 레몬타임은 잎에서 부드러운 레몬향이 난다. 이 상큼한 향은 꽃이 피기 전과 이른 아침에 가장 강하다. 골든레몬타임은 진녹색 빛에 진노란색 테두리가 있고 상큼한 감귤향이 난다. 신기하게도 골든레몬타임은 겨울에만 볼 수 있다. 무더운 여름이 되면 테두리에 있는 노란색은 사라지고 잎 전체가 초록색으로 변해버린다. 추운 겨울이면 이 테두리에 금색 빛이 생기기 시작하는데 이 금빛 테두리는 추위가 깊어질수록 더 진해진다. 일반적으로 타임은 저온과 고온에 강하지만 정원에 심을 경우 장마 전후로 줄기를 싹둑 잘라주는 것이 좋고, 겨울에는 볏짚이나 비닐로 덮어주는 것이 좋다. 주로 포기 나누기로 번식하는데 1년이 지나면 포기를 나누어 다른 화분에 옮겨주자. 흙에 자갈을 넣어 물 빠짐을 좋게 해주고 물을 자주 주기보다는 흙이 완전히 마른 후에 충분히 주는 것이 좋다.

양털타임

· 꿀풀과 백리향속 여러해살이 식물로 지중해에서 자생
· 식물학명: *Thymus vulgaris*
· 키: 20~40센티미터
· 꽃 피는 시기: 4~5월
· 특징: 우리나라의 백리향(*Thymus quinquecostatus*)도 식용 가능하나 천연기념물로
　　　지정되어 있다. 울릉도에서만 자생하는 섬백리향은 백리향의 변종이다.

파슬리

Parsley

바위에서 자라나는 강인한 생명력

토마토와 연어, 날치알 그리고 와인과 함께 곁들이는 초록빛깔의 싱그러운 향기. 파슬리와 사랑에 빠지는 것은 그리 어렵지 않다. 토마토와 해산물과 잘 어울리는 파슬리의 향긋한 향기와 매콤한 맛은 화이트와인과 함께 곁들여 먹으면 환상의 궁합이다. 농장에서 만든 허브 소금에는 파슬리가 꼭 들어간다. 앙꼬 없는 찐빵처럼 파슬리는 요리에 없어서는 안 될 허브다. 육류와도 잘 어울리고 소스, 수프, 샐러드 등의 요리에 풍미를 살려준다. 다른 허브와 조합이 잘 어울리는 것도 파슬리가 가진 장점이다. 속명 '페트로셀리눔(Petroselinum)'은 그리스어로 바위를 뜻하는 '페트라(petra)'와 셀러리를 뜻하는 '셀리눔(selinum)'이 합쳐져 만들어졌다. '바위에서 자라는 셀러리'라는 뜻을 가지고 있는 파슬리는 그 이름만으로도 절대 피어나지 않을 것 같은 환경에서 자라나는 강인한 생명력을 떠올리게 한다. 파슬리는 크게 이탈리안파슬리(Italian Parsley), 곱슬잎파슬리(Curly Leaf Parsley), 함부르크파슬리(Hamburg Parsley)로 나눌 수 있다. 이탈리안파슬리는 잎이 넓고 향미가 부드러워 이탈리아, 남부 프랑스 요리에 많이 사용한다. 곱슬잎파슬리는 작고 곱실거리는 잎의 모양이 특징이며 향과 쓴맛이 강해 식용보다는 장식에 많이 사용된다. 마지막으로 당근 모양의 뿌리가 있는 함부르크파슬리 혹은 루트파슬리가 있는데, 유럽이나 동아시아 요리에 이 뿌리를 넣어 사용한다. 파슬리에는 비타민 A, B12, C와 K는 물론이고 항산화 작용을 하는 필수 플라보노이드 혼합물이 함유되어 있다. 또한 철, 칼슘, 마그네슘 등 미네랄과 해독 작용을 하는 엽록소가 풍부하게 들어 있다. 이러한 많은 영양소들은 소화 촉진, 간장 해독, 이뇨 작용, 류머티즘에 효능이 있다. 1세기 그리스의 약학자 디오스코리데스의 약물지에 수록된 기록을 보면 고대 로마, 그리스인들은 파슬리를 약용과 함께 향료, 방향제 등 다방면으로 활용했다. 싸움의 승자에게 파슬리와 함께 엮어 만든 월계수 왕관을 수여하는가 하면, 파슬리로 무덤을 장식하기도 했다. 말린 파슬리를 허브티로 마셔 복용하거나 수프, 생선 및 육류 요리에 후추, 월계수와 혼합해서 쓰면 음식의 풍미가 더욱 살아난다. 생잎 그대로 샐러드나 요리에 넣어 먹어도 맛있다. 또한 스테이크를 먹고 파슬리를 씹으면 입 안의 냄새를 제거할 수 있다. 파슬리는 봄에 씨앗을 파종하며 한 번 따도 계속 자라나는 잎 덕분에 1년 내내 수확이 가능하다.

· 미나리과 두해살이 식물로 지중해에서 자생
· 식물학명: Petroselinum crispum
· 키: 20~50센티미터
· 꽃 피는 시기: 4~5월(2년생부터 꽃이 핀다)
· 특징: 부엌 근처에 심어두고 요리할 때마다 잎을 뜯어 쓰면 좋다.
　　　　화분에서도 잘 자란다.

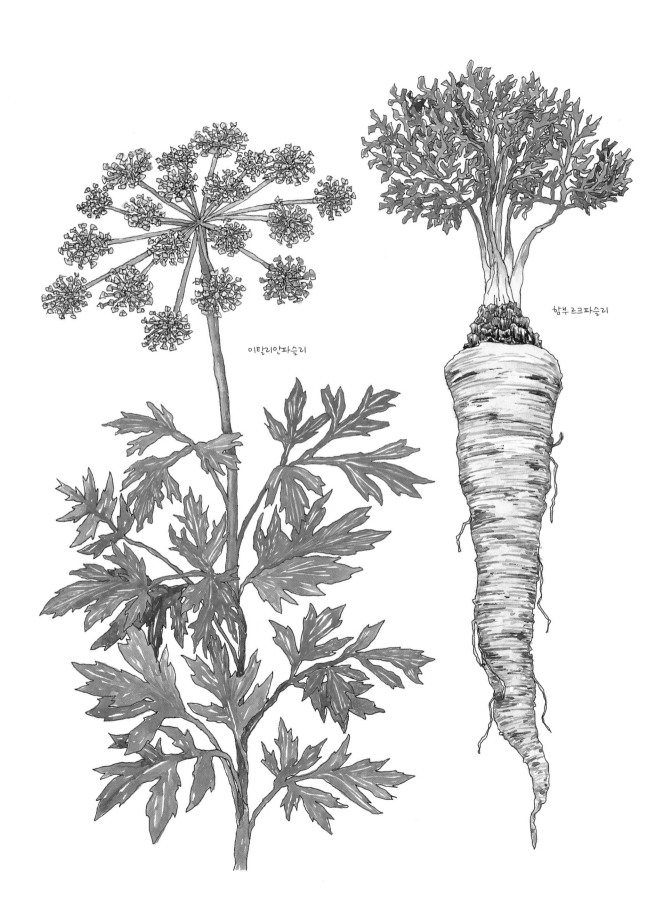

이탈리안파슬리

함부르크파슬리

홉

Hops

버드나무 숲의 늑대

맥주를 마시면 과연 살이 찔까? 맥주의 주재료는 홉이라는 허브 식물이다. 고대 로마의 약학자 플리니우스(Gaius Plinius Secundus, 23~79)는 홉을 "버드나무 숲의 늑대"라고 불렀다. 홉을 버드나무와 함께 심었더니 늑대가 양의 목을 휘감듯 버드나무를 끊어질 정도로 감아 죽게 했다고 한다. 이는 라틴어로 '늑대(lupus)'를 뜻하는 홉의 종명 '루풀루스(*lupulus*)'와도 관련이 있다. 덩굴 식물인 홉에는 작은 가시가 돋아 있어 한 번 감으면 쉽게 떨어지지 않는데, 이 덩굴은 하루에 15센티미터씩 자랄 정도로 성장 속도가 빠르다. 지지대가 없으면 제멋대로 뻗는 덩굴손이 이웃집 담벼락을 침범할 수 있으니 구조물 형태의 지지대를 꼭 설치해주길 권한다. 홉은 부식토가 풍부하고 물이 잘 빠지는 비옥한 토양에서 잘 자란다. 암나무와 수나무가 따로 있는 자웅이주로 '두 개의 살림'이라는 별명을 가지고 있다. 암나무에서 작은 솔방울처럼 생긴 초록색 열매가 열리면 이를 수확해 맥주를 만든다. 바로 이 열매가 맥주의 쓴맛을 낸다. 미국 원주민들은 홉을 통증 및 수면 유도제로 사용했다. 홉 잎을 뜨거운 물에 넣어 만든 작은 주머니를 아픈 부위에 올려놓아 통증을 치료했고, 잠이 오지 않을 때는 뜨거운 물에 잎을 넣어 차로 마셨다. 또한 이 효능 때문에 수많은 왕과 정치가들은 홉을 말려 베개에 넣고 잠을 청했다. 대표적인 인물로 아메리카 식민지를 잃은 영국의 조지 3세와 에이브러햄 링컨이 있다. 또한 와인을 마시던 그리스인들은 홉으로 만든 맥주를 야만족과 서민들이나 먹던 것으로 하찮게 여겼다. 하지만 가난한 로마 서민들과 북유럽인들에게 홉은 봄이 오면 즐겨 먹던 귀한 식물이었다. 홉의 어린순을 잘라 요리에 넣거나 살짝 데쳐 버터에 볶아 먹고, 허브티로도 마셨다. 홉에서 발견된 8-프레닐나린제닌(8-prenylnaringenin) 호르몬은 소화효소 분비를 촉진시키고 위장 운동을 활발하게 해준다. 미국 펜실베이니아 스크랜튼대학에서는 "홉에 있는 잔토휴몰(xanthohumol) 성분이 동맥경화를 예방하고 좋은 콜레스테롤을 높여준다"는 연구 결과를 밝혔다. 홉에는 아미노산, 비타민 B, 미네랄 등의 영양소도 풍부하다. 하버드의과대학 연구에서는 "맥주가 뇌졸중 위험을 감소시키고 폐경증상 완화에 효과적이다"고 했다. 또한 당지수(GI)가 낮아 체중 증가의 원인이 되는 비만염증 수치를 오히려 떨어뜨린다. 홉이 들어간 적당량의 술로 불면증과 불안증세를 떨쳐버리고 편안한 휴식을 취해보자.

· 삼과 환사덩굴속 여러해살이 식물로 북유럽, 서아시아, 북아메리카에서 자생
· 식물학명: *Humulus lupulus*
· 키: 6~12미터
· 꽃 피는 시기: 8~9월
· 특징: 추위에 잘 견디는 홉은 종자로 번식하지만 뿌리를 포기 나누기하여 번식하기도 한다.
　　　홉의 암꽃 1잎을 물 1컵에 담아 잠들기 30분 전에 마시면 불면증에 도움을 준다.
　　　임산부는 복용을 자제하는 것이 좋다.

All That Herb

자연을 벗하는 이에게 우울은 존재하지 않는다.

— 헨리 데이비드 소로

블루데이지

Blue Daisy

당신은 언제나 내게 아름답고 젊으리니

청아한 가을 하늘을 닮은 파란색 꽃을 피우는 블루데이지를 보노라면 시대에 떠밀려 생을 마감한 비극의 주인공 마리 앙투아네트가 떠오른다. 사치스럽고 사악한 이미지로 알려진 프랑스 왕비 마리 앙투아네트(Marie Antoinette, 1755~1793)는 실제로는 검소하고 동정심 많은 성격이었다고 한다. 이 푸른 꽃은 어두운 밤이 되면 화려하고 우아한 기품을 감추듯 꽃잎을 오므렸다가, 햇살 가득한 아침이 밝아오면 다시 왕비의 화려한 임무를 수행하기 위해 맑고 아름다운 꽃잎을 활짝 피운다. 우연의 일치인지 이 식물의 꽃말은 '청아한 사랑'이다. 블루데이지는 여러 이름을 가지고 있다. 꽃말에서 유래되어 불리는 '청화국(靑花菊)', 국화과 식물인 마거릿과 생김새가 비슷하여 '블루마거릿(Blue Marguerite)'이라 불린다. 이탈리아 국화인 데이지는 태양이 뜨면 고개를 들고 태양이 지면 고개를 내린다 하여 '태양의 눈(The Day's Eye)'이라는 이름도 있다. 데이지는 고대에 상처를 치료하던 약용 식물이었다. 고대 로마의 외과의사들은 다친 병사들의 상처에 데이지 즙을 발라 치료했다. 남아프리카가 자생지인 블루데이지는 키가 30~60센티미터로 작고, 봄과 가을 꽃대 위에 한 송이씩 피는 파란색 설상화와 노란색 관상화의 조화가 참으로 아름답다. 여러해살이 식물로 한 번 심어놓으면 매년 꽃을 볼 수 있어서 더욱 좋다. 건조거나 거센 바람도 잘 견디고 반음지에서도 잘 자란다. 꽃이 피어 있는 동안에는 다소 건조하게 관리하는 것이 좋다. 겨울에도 피어오르는 꽃을 보려면 실내로 옮겨줘야 한다. 실내에서 키울 때는 통풍이 잘되고 햇빛이 잘 들어오는 창가나 베란다에 놓는 것이 적당하다. 봄과 가을에는 월 1회 정도 액비를 주면 좋다. 너무 건조하면 면역력이 떨어져 진딧물이 발생할 수 있으니 유의하자. 씨앗은 물론 꺾꽂이와 포기 나누기로도 번식이 잘되는데 덥지도 춥지도 않는 날씨가 적당하다. 9월에 씨앗을 수확하자마자 바로 파종해보자. 꽃을 식용으로 사용할 경우 꽃잎 부분만 쓰는데, 아삭아삭하고 달달한 맛이 나는 꽃잎은 샌드위치, 샐러드, 수프 등에 넣어 먹거나 요리 장식으로 잘 어울린다.

· 국화과 여러해살이 식물로 남아프리카에서 자생
· 식물학명: *Felicia amelloides*
· 키: 30~60센티미터
· 꽃 피는 시기: 4~10월(실내에서는 1년 내내)
· 특징: 지는 꽃대는 잘라줘야 새로운 꽃대가 많이 올라온다.

수레국화

Cornflower

꽃 속에 숨겨져 있는 우주의 비밀

농장 앞뜰에 피어 있는 수레국화가 바람에 고개를 살랑이며 반갑게 인사한다. 흰색, 분홍색, 남색, 자주색 등 화려한 꽃들이 활짝 핀 모습이 아름답다. 수레국화 꽃자루에 붙어 있는 많은 꽃잎들은 사실 꽃잎이 아니라 각각의 암술과 수술을 가진 하나의 꽃들이다. 마치 행성들이 모여 태양계를 이루고 태양계가 모여 은하를 이루고 은하가 모여 큰 우주를 이루듯 암술과 수술이 모여 꽃을 이루고 그 꽃들이 모여 하나의 큰 꽃으로 탄생하는 것이다. 이렇게 꽃잎이 없고 암술과 수술로만 구성되어 있는 꽃을 '관상화(管狀花)'라고 한다. 수레국화 꽃은 장마가 시작되기 전부터 무더운 여름까지 피어난다. 봄에 뿌린 씨앗은 물만 주었을 뿐인데도 어느덧 농장 앞뜰을 수레국화 꽃으로 가득 채운다. 그 자생지인 유럽의 들판에서도 흔하게 볼 수 있는 야생화인데 번식력이 너무 강해 간혹 잡초로 취급되기도 한다. 영어로 '콘플라워(Cornflower)'라는 이름은 과거 유럽의 옥수수 밭에서 잡초로 자라던 꽃이라 하여 붙여졌다. 수레국화는 독일의 국화다. 독일의 국화가 되기까지 수레국화는 독일과 많은 역사를 함께해왔다. 독일의 잦은 전쟁 때 왕족이나 군사들이 몸을 피해 숨던 곳이 수레국화 들판이었고, 1947년까지 독일 북부에 있었던 프로이센(Prussia)주 군대의 상징이기도 했다. 19세기 독일의 빌헬름 1세(Kaiser Wilhelm I)가 된 황제는 어린 시절 어머니가 사랑하던 수레국화를 무척 좋아했고, 국민들이 이를 알게 되면서부터 수레국화를 두고 '황제의 꽃'이라 부르기 시작했다. 훗날 이 꽃이 독일 민족주의의 새로운 변화의 상징으로 자리 잡게 되면서 독일의 국화로 불리게 되었다. 1미터까지 곧게 자라는 수레국화는 정원 관상용으로 붉은색 꽃과 함께 심어주면 잘 어울린다. 함께 식재하면 잘 어울리는 붉은 꽃으로 양귀비(Poppy), 맨드라미, 베고니아가 있는데 꽃 피는 시기가 비슷하여 함께 심어주면 관상용으로 그 멋이 더욱 풍부해진다. 꽃은 청색 잉크나 약품 등 천연염료제로 사용된다. 또한 이뇨, 살균 작용에 효과가 있어 염증에 좋은 한방꽃차로 많이 쓰인다. 야생에서 자라던 식물이기 때문에 실내보다는 바람이 잘 통하는 정원에서 키우기 적당하다.

· 초롱꽃목 국화과 한해살이 식물로 유럽에서 자생
· 식물학명: *Centaurea cyanus*
· 키: 40~90센티미터
· 꽃 피는 시기: 6~9월
· 특징: 씨앗을 일찍 파종하여 실내에서 키우면 이른 봄부터 꽃이 피기 시작한다.

암술 밑씨 수술

관상화

꽃구조

아게라툼

Ageratum

뜨개질로 엮어 만든 꽃

어릴 적 겨울이 되면 항상 준비하는 아이템이 있었다. 바로 코바늘과 털실. 내 손으로 직접 만든 따뜻한 목도리를 두르고 다니고 싶어 매해 겨울이면 가방 속에 이 두 가지를 꼭 챙겼다. 하지만 항상 겨울이 끝날 쯤에야 완성되는 목도리. '에잇, 뜨개질은 여름에 해야 하는 건가 봐.' 하지만 다음해 겨울 나는 또다시 털실가게 앞을 서성이며 새로운 털실들을 구경한다. '어머낫! 저건 작년에 없던 색이야!' 매해 새롭게 업그레이드되는 털실들에 이끌려 그해 겨울 또 그렇게 뜨개질을 시작한다. 식물 중에도 겨울 목도리를 짜는 털실처럼 매력적인 핫아이템이 있다. 바로 아게라툼 허브다. 멕시코에서는 흔한 잡초처럼 자라서 거들떠보지도 않는 식물이지만, 뜨개질로 엮어 만든 털 뭉치처럼 복슬복슬 특이한 모양을 하고 있는 꽃이 나로서는 반갑고도 신기하다. 엉겅퀴와 비슷한 모양에 '멕시코엉 겅퀴'라고도 불리는 아게라툼은 사실 국화과에 속하는 식물이다. 키가 60센티미터로 작고 앙증맞은 한해살이 식물이지만 기후가 잘 맞으면 여러해살이 식물로 키울 수 있다. 봄부터 가을까지 꽃을 피우지만 무더운 한여름에는 꽃이 잘 피지 않으며 생육 적정 온도인 15~25℃를 벗어나면 제대로 자라지 못한다. 물 빠짐이 좋은 흙에 심고 직사광선을 피해 서늘하고 그늘진 곳에서 키우는 것이 바람직하다. 멕시코 카리브해역 일대에서 주로 자생하는 아게라툼의 꽃은 봄에 파란색, 보라색, 흰색, 분홍색의 산방화서로 피어나기 시작해 가을까지 그 자태를 뽐낸다. 꽃에서는 나비들이 좋아하는 향긋한 포도향이 나는데, 이 향기에는 치명적인 비밀이 숨겨져 있다. 바로 메토프렌 (methoprene)이라는 독성 물질이다. 동물들이 먹게 되면 불임 상태가 될 수도 있는 메토프렌은, 그 독성분을 소량으로만 사용하면 진통제 효능을 볼 수 있다. 상처가 나거나 통증이 심할 때 아게라툼의 꽃과 잎으로 수액을 만들어 상처에 바르거나 약용으로 사용한다. 아게라툼(Ageratum)은 그리스어로 '늙지 않는다'라는 뜻을 가지고 있어 '불로화(不老花)'로도 불리는데, 아이러니하게도 이 이름은 식물이 가지고 있는 효능과는 상관이 없고, 이 식물의 꽃 자체가 색깔이 변하지 않고 긴 기간 동안 꽃을 피운다는 데서 유래된 것이다.

· 초롱꽃목 국화과 등골나물아재비속 한해살이 식물로 멕시코에서 자생
· 식물학명: *Ageratum houstonianum*
· 키: 30~60센티미터
· 꽃 피는 시기: 6~10월
· 특징: 원산지에서는 반관목성 여러해살이 식물로 자란다.
　　　　우리나라의 경우 제주도에서 처음 채집되었으며 '등골나물아재비'라고 불린다.

아이리스

Iris

감사해요, 당신을 만나게 되어서

평생 가난에 쪼들렸던 고흐는 자신의 귀를 자른 뒤 환각과 발작이 더 심해져 생레미에 있는 생폴드무솔 정신병원에 입원하게 된다. 이곳에서 그는 정원에 피어난 아름다운 아이리스에 매료되어 또 다른 사랑을 시작한다. 적색 토양에서 피어난 붓꽃의 강인한 생명력을 거친 붓터치에 담아낸 고흐의 그림들을 보면 자연의 강인함을 통해 빛으로 나아가고자 했던 삶의 의지가 느껴진다. 일본 화투 5월에는 아이리스가 그려져 있다. 5월에 일본 열도에 붓꽃이 가득 메우며 피기 때문이다. 아이리스는 우리말로 '붓꽃'이라 한다. 붓꽃이라는 이름은 꽃이 피기 전 꽃봉오리의 모습이 마치 먹물을 머금은 붓과 같다 하여 붙여졌다. 아이리스라는 이름은 그리스의 무지개여신 '아리스(Iris)'에서 유래된 것으로, 비가 그친 뒤 나타나는 무지개처럼 비온 뒤 또는 아침 이슬을 머금은 새벽 동틀 녘에 가장 아름답다고 하여 붙여졌다. '기쁜 소식'이라는 아이리스의 꽃말처럼 비온 후 반짝이는 아이리스의 아름다움은 그야말로 기쁜 소식이 아닐 수 없다. 아이리스는 품종이 매우 다양하다. 우리나라에는 14종 정도가 자생하는데 대부분 독성이 있어 몇 종류만 약용으로 이용된다. 뿌리줄기는 주독(술 중독으로 나타나는 증상)을 풀어주고 지혈, 해독, 폐렴과 편도선염, 인후염, 피부병에 뛰어난 효능이 있다. 한방에서는 아이리스를 다른 약재와 섞어 사용한다. 이탈리아 피렌체에서는 제비꽃과 비슷한 향이 나는 아이리스를 향수의 원료나 청색 염료로 사용한다. 현란한 꽃의 색과 화려한 호피 무늬가 매력적인 아이리스는 정원에 관상용으로 많이 심는데 60센티미터 정도의 작은 키로 화단 맨 앞쪽의 포인트나 단독으로 심으면 좋다. 꽃창포라 불리는 아이리스는 화피 안쪽에 무늬가 없음으로 구별할 수 있다. 꽃잎은 바깥쪽에 세 장 안쪽에 세 장으로 구성되어 있는데 안쪽 꽃잎은 수술이 변해 꽃잎처럼 된 것이다. 늦여름이 되어 꽃이 진 후 맺히는 갈색 열매 안에는 씨앗이 가득하다. 9월경 열매가 무르익었을 때 씨앗을 받아 냉장보관을 해주는 것이 좋다. 씨앗은 껍질이 두꺼워 수분 흡수가 잘되지 않으니 파종하기 전 물에 2~3일 정도 담가놓는 것이 좋다. 햇빛만 가득하다면 척박한 환경에서도 잘 자란다. 실내 화분에 심을 경우 1년 내내 꽃을 볼 수 있는데 물을 자주 주지 말고 햇살이 잘 드는 곳에 놓자.

· 백합목 붓꽃과 여러해살이 식물로 아시아, 유럽, 시베리아에 자생
· 식물학명: *Iris sanguinea*
· 키: 60센티미터
· 꽃 피는 시기: 1년 내내
· 특징 : 아이리스 꽃은 대부분 독성이 있으므로 식용 시 조심해야 한다.

튤립

Tulip

아름다움과 부의 상징

이렇게 멋지고 화려한 허브가 세상에 존재하다니! 내가 가진 색으로 이 꽃의 아름다움을 다 표현하기란 불가능하다. 튤립 하면 큰 풍차가 돌아가는 도시를 떠올리게 된다. 바로 렘브란트(Rembrandt van Rijn, 1606~1669)와 반 고흐(Vincent van Gogh, 1853~1890)가 태어난 네덜란드다. 하지만 네덜란드를 대표하는 튤립을 그림으로 표현한 인물은 프랑스 인상파 화가 클로드 모네(Claude Monet, 1840~1926)다. 1886년 모네가 그린 〈네덜란드의 튤립 밭(Tulip Fields)〉에는 바람결에 일렁이는 아름다운 튤립의 모습이 오롯이 담겨 있다. 또 다른 프랑스 화가 장레오 제롬(Jean-Léon Gérôme, 1824~1904)은 〈튤립 파동(The Tulip Folly)〉(1882)이라는 그림을 통해 네덜란드의 암울했던 역사를 잘 보여준다. 17세기 네덜란드에서 일어난 튤립 파동, 당시 자본주의의 메카였던 네덜란드에는 오스만 제국에서 건너온 튤립이 부의 상징이었다. 사람들은 투기를 일삼으며 새로운 튤립 품종들을 끊임없이 만들어냈고 나중에는 튤립 알뿌리(구근) 하나가 집 한 채 가격까지 치솟기도 했다. 봄에만 볼 수 있는 화려한 꽃 때문에 한해살이 식물로 생각하기 쉽지만 사실 튤립은 여러해살이 식물이다. 추위에 강한 튤립은 봄에 꽃을 피우고 그 알뿌리로 겨우내 땅속에서 다음해 봄을 기다린다. 꽃이 지고 잎이 마르면 땅속에 작은 구근들이 몇 개 생긴다. 구근을 채취하여 그늘에서 자연 바람으로 말려 곰팡이가 생기지 않게 잘 보관하자. 튤립은 종자로도 번식이 가능하지만 꽃을 피우기까지 6~7년이나 걸리니 알뿌리로 번식시키는 편이 낫다. 알뿌리를 심는 때는 10월에서 11월 초가 적당하다. 햇빛이 적당하게 들어오는 곳에 식재하며 흙이 너무 마르지 않게 적당량의 물을 주어야 한다. 싹이 올라오지 않는 겨울에도 흙이 마르지 않게 해주자. 비료는 알뿌리에 새싹이 나오기 시작할 무렵 한 달에 1~2회 주는 것이 좋다. 한방에서는 '울금향(鬱金香)'이라고 하며 튤립의 알뿌리와 꽃을 약용으로 사용한다. 꽃과 뿌리에는 항균 효과를 내는 성분이 들어 있어 다른 약재와 함께 섞어 염증 및 통증을 완화하는 데 사용한다.

· 백합과 여러해살이 식물로 터키에서 자생
· 식물학명: *Tulipa gesneriana*
· 키: 30~60센티미터
· 꽃 피는 시기: 4월
· 특징: 크고 시원한 꽃망울은 작은 꽃이 옹기종기 피어나는 무스카리와 잘 어울린다.
　　　서로 잘 매치하여 화단에 심어보자.

두메부추

Allium

끈적이는 점액의 비밀

꼭 사과와 요구르트를 함께 넣어야 맛있습니다! 약초 현장학습에서 배운 두메부추를 먹는 방법이다. 두메산골에만 자란다 하여 '두메부추'라는 이름이 붙은 이 허브는 생으로 먹는 것이 가장 효능이 좋다. 하지만 끈적이는 점액과 양파처럼 매운맛에 생으로 먹기가 거북할 수 있다. 바로 이때 필요한 것이 매운맛을 잡아주는 사과와 요구르트의 조합이니, 사과의 달콤함과 요구르트의 상큼함이 두메부추의 매운맛을 잡아주고 건강까지 챙겨주니 이보다 더 좋은 궁합은 없을 것 같다. 두메부추의 끈적이는 점액은 뮤신(mucin)이라는 성분 때문이다. 뮤신은 당단백질의 일종으로 우리가 주로 먹는 음식 중에는 마와 연근, 미꾸라지, 장어 등에 들어 있다. 뮤신은 소화 작용을 돕고 위벽을 보호하는 기능이 있어 식습관이 불규칙하여 위궤양, 위염으로 고생하는 사람들이 먹으면 좋다. 또한 콜레스테롤 저하와 해독 작용으로 당뇨병과 동백경화에 도움을 준다. 두메부추에는 인삼에 들어 있는 사포닌(saponin) 성분도 있는데 이는 면역력을 강화하고 혈압을 낮춰주어 고혈압에 좋으며 심장혈관을 확장시켜주어 심장 질환에 좋다. 두메부추는 아침에 일어나 공복에 갈아 마시는 것이 가장 효과적인데 매일 아침 꾸준히 마시면 혈액이 맑고 깨끗해져 몸속이 가벼워지는 것을 느낄 수 있다. 사과 대신 바나나를 넣어도 좋은데 바나나를 넣을 경우에는 요구르트 대신 우유와 꿀을 첨가해 먹으면 잘 어울린다. 두메부추에는 비타민 C와 칼슘, 칼륨이 일반 부추보다 30배나 더 많이 들어 있다. 두메부추를 생으로 먹어야 효능이 좋은 이유는 칼륨과 뮤신 성분이 열을 가하면 파괴되기 때문이다. 9월이 되면 깊은 산골 분홍색과 연보라색으로 피어나는 두메부추의 꽃들을 볼 수 있다. 꽃의 모양은 차이브 꽃처럼 둥글고 예쁘다. 두메부추는 바위가 많은 험하고 열악한 환경에서 잘 자란다. 일반 부추와는 달리 월동이 가능해 추운 겨울에도 자라나는 강한 생명력을 가지고 있다. 베란다 화분에 심으려면 배수가 잘되고 햇빛이 잘 비치는 곳에 두어야 한다. 씨앗을 뿌리기 전 퇴비를 적당히 넣어주자. 한 번 심으면 새로운 뿌리가 계속 나오기 때문에 포기 나누기로 번식이 가능하다. 두메부추는 마늘과 양파의 친척으로 '독일마늘(German Garlic)' 또는 '숙성된 차이브(Aging Chive)' 또는 '잎이 넓은 차이브(Broadleaf Chives)'로도 불린다.

· 백합과 여러해살이 식물로 한국에서 시베리아까지 자생
· 식물학명: Allium senescens
· 키: 20~120센티미터
· 꽃 피는 시기: 6~7월
· 특징: 체코, 독일 등 유럽 국가에 소개되었는데 오늘날 마늘이나 차이브 대신 쓰이기도 한다.

라벤더

Lavender

여왕이 사랑한 향기로운 꽃과자

지금은 전 세계에서 재배되어 흔하게 볼 수 있는 허브이지만 고대 로마 시대에는 꽃 한 단에 한 달 월급을 주고 사야 할 정도로 비싸고 귀한 식물이었다. 영국에서도 라벤더가 귀했다. 주로 왕궁의 정원 조경수로 사용되었는데 엘리자베스 1세가 가장 좋아했던 간식이 바로 라벤더로 만든 과자였다고 한다. 라벤더는 잎보다 꽃에서 더 강한 향이 나는데 '정절'이라는 꽃말처럼 건조시킨 후에도 그 향을 곧게 지켜낸다. 매혹적인 라벤더 향기의 비밀은 바로 라벤더를 덮고 있는 작은 털들 사이에 있다. 이 솜털 사이에 있는 기름샘에서 그윽하고 강한 향기를 계속 뿜어내는 것이다. 라벤더 향기는 마음을 진정시켜 편안하게 해주는 효과가 있어 두통이나 불면증, 우울증에 좋다. 오래전부터 오일이나 에센스로 만들어 향수와 화장품의 원료로 썼는데, 비싼 향료를 구할 수 없는 서민들은 라벤더 잎과 꽃을 구해 집 안에 걸어두고 포푸리처럼 사용했다. 고대 로마 왕궁에서는 라벤더를 욕조에 넣고 목욕을 즐겼다고 한다. 라벤더의 높은 살균 작용이 피부를 진정시켜주고 상처나 화상 부위를 치유하는 데 효과가 있기 때문이다. 라벤더는 그 종에 따라 쓰임이 다양하다. 스위트라벤더(Sweet Lavender)는 성장 속도가 빠르고 꽃이 오랜 기간 동안 피어 있어 관상용이나 향기용으로 사용하는데 베란다에서도 쉽게 키울 수 있다. 단, 맛이 좋지 않아 식용으로는 사용하지 않는다. 잉글리시라벤더(English Lavender)는 라벤더 종 가운데 효능이 가장 뛰어나고 맛도 좋아 식용으로 사용한다. 꽃은 차로 마시고 잎은 건조시켜 분말로 만들어 향신료로 쓴다. 또한 살균 및 진정 효과가 뛰어나 베개 속에 넣거나 포푸리를 만들고, 오일을 추출해 화장품이나 향료, 비누의 원료로 사용한다. 추운 겨울에도 잘 자라 정원에 심기에 좋다. 스패니시라벤더(Spanish Lavender)는 향기가 강해 관상용이나 포푸리, 아로마테라피로 많이 쓰고, 라벤더 종 가운데 가장 깨끗한 향기를 가진 프린지드라벤더(Fringed Lavender)라고도 불리는 프렌치라벤더(French Lavender)는 벌에게 인기가 많아 밀원 식물로 쓰인다. 피나타라벤더(Pinnata Lavender)는 북아프리카 지역에서 자생하는 종으로 라벤더 종 가운데 꽃의 크기가 제일 크지만 향이 약해 관상용으로만 쓰인다. 일반적으로 라벤더는 관리가 쉬워 키우기 어렵지 않지만 초반에 잡초 관리가 안 되면 바람에 출렁이는 아름다운 보랏빛 라벤더 밭 대신 음산한 기운이 가득한 잡초 밭을 구경하게 될 수도 있음을 명심해야 한다. 화분에 심을 때에는 흙에 모래와 자갈을 섞어 넣어 물 빠짐이 좋게 해줘야 한다. 물은 흙 표면이 말라 완전히 건조해졌을 때 한 번씩 주고, 화분은 햇볕이 잘 드는 곳에 놓아둔다. 번식은 뿌리 내리기가 어려운 꺾꽂이보다는 모종을 사서 키우는 것을 권한다.

· 꿀풀과 라벤더속 여러해살이 식물로 남유럽 지중해 연안에서 자생
· 식물학명: *Lavandula officinalis*
· 키: 30~150센티미터
· 꽃 피는 시기: 5~9월
· 특징: 꺾꽂이를 할 때는 흙보다는 물에 넣어 하는 것이 뿌리 내리기가 수월하다.
　　　월동이 가능한 잉글리시라벤더를 정원에 키운다면 겨울에 가지치기를 짧게 해주는 것이 좋다.

스패니시라벤더

프린지드라벤더

피나타라벤더

스위트라벤더

잉글리시라벤더

레몬밤

Lemon Balm

벌들이 사랑한 허브

레몬향이 나는 허브 가운데 레몬밤의 향기는 특별히 더 달콤하다. 고대로부터 레몬밤이 벌꿀의 원천이 되는 밀원 식물로 사용되었다는 사실을 알게 되었을 때 절로 고개가 끄덕여진 것은 그 향기가 얼마나 그윽하고 달콤한지를 잘 알고 있었기 때문이다. 레몬밤을 고대 밀원 식물로 사용했던 흔적은 2,000여 년 전 터키와 그리스의 고대 문헌에서 발견되었는데 벌들을 유도하기 위해 벌집 근처에 레몬밤을 심거나 생잎을 으깨서 빈 벌통에 문질러두었다는 기록이 있다. 레몬밤의 속명 '멜리사(Melissa)'는 그리스 신화에 나오는 꿀벌요정 '멜리사'에서 유래되었다. 사실 레몬밤의 향기를 꿀벌들이 좋아하는 이유는 레몬밤이 꿀벌들의 나소노프샘(Nasonov gland)에서 내뿜는 물질과 같은 화학물질을 향기로 방출하고 있기 때문이다. 일벌들은 배부분 제7마디 등쪽에 있는 나사노프샘에서 페로몬 물질을 방출하는데, 이는 일벌들이 적의 공격이나 꿀, 꽃가루원 혹은 다른 꿀벌의 위치를 알릴 때 작용하는 분비물질이다. 로마의 약학자 페다니우스 디오스코리데스(Pedanius Dioscorides)의 본초학책『코덱스 아니키아 율리아나(Codex Aniciae Julianae)』에 따르면 고대 그리스와 로마인들은 뱀이나 전갈에 물렸을 때 민간요법으로 레몬밤을 와인에 넣어 마셨다고 한다. 또한 영국의 식물학자 머드 그리브(Maud Grieve)의『현대약초서(A Modern Herbal)』(1931)에 따르면 고대에 레몬밤이 바이러스의 감염을 완화하는 상처 봉합 드레싱으로 사용되었다는 기록이 있다. 르네상스 시대에는 레몬밤을 정서 안정과 불면증 치료에 사용했는데 한때 프랑스 수녀들이 만든 두통 치료용 아로마워터의 주재료로 유명하다. 영국 최초의 메디컬센터(The London Dispensary, 1696)에서는 레몬밤을 와인에 넣어 매일 한 잔씩 마시면 젊음을 유지하면서 기억력을 향상시켜 치매를 예방하고, 정신을 안정시켜 우울증을 예방한다고 말한다. 레몬밤은 독성이 없어 영유아가 안전하게 먹을 수 있는 '3대 허브' 중 하나로 펜넬, 캐모마일과 어깨를 나란히 하고 있다. 이 세 가지 허브는 내장 기능을 부드럽게 이완시켜주는 효능이 있어 영유아의 소화 불량과 복통에 효과적이다. 레몬밤은 재배하기 쉬운 여러해살이 식물로 물만 잘 준다면 화분에서도 잘 자란다.

· 멜리사속 여러해살이 식물로 남유럽에서 자생
· 식물학명: *Melissa officinalis*
· 키: 70~150센티미터
· 꽃 피는 시기: 7~9월
· 특징: 꿀벌들이 좋아하여 '꿀벌의 밤'이라 불린다.
　　　허브차나 와인에 넣어 마시면 좋다.

로즈마리

Rosemary

나를 잊지 말아요

로즈마리는 지중해 바다 절벽에서 모진 풍랑을 견디고 바다 이슬을 먹으면서 자라던 허브다. 라틴어로 '바다의 이슬'이라는 뜻을 가지고 있는 로즈마리의 속명 '로즈마리누스(Rosmarinus)'는 '이슬(ros)'과 '바다(marinus)'가 합쳐진 말이다. 건조한 환경을 잘 견디기 때문에 습도가 높은 곳을 싫어하고 강한 바닷바람에도 잘 견딜 만큼 통풍이 잘 되는 장소를 선호한다. 더운 날씨보다는 서늘한 기후에서 잘 자라고 추운 겨울에도 잘 견딘다. 최근에 개량된 알프 로즈마리(R. officinalis 'Arp') 종은 영하 23℃에서도 살아남을 정도로 내한성이 높다. 정원에 심으면 키가 1.5~2미터로 크게 자라며 봄과 여름철 흰색, 분홍색, 보라색, 파란색 꽃을 피운다. 로즈마리의 대표적 효능은 뇌신경을 활성화시켜 기억력 증진에 도움을 주는 것이다. 이러한 효능은 오래전부터 로즈마리가 사랑과 추억을 상징하는 허브로 자리매김하게 했다. 셰익스피어의 희곡『햄릿』에서 오필리어는 아버지를 죽인 햄릿을 사랑하지만 결국 죽음을 선택하게 된다. 이러한 비극에서 그녀는 햄릿에게 로즈마리를 건네며 이렇게 말한다. "나의 사랑을 기억해주세요." 로즈마리의 이러한 상징성은 중세 시대 결혼식과 장례식에서 사용되었다. 결혼식에서 신부는 로즈마리로 만든 화관을 쓰고 부케를 들었고 하객들은 한손에 로즈마리 가지를 들고 부부의 사랑을 축하했다. 장례식에서는 참석한 사람들 모두가 로즈마리를 무덤에 던졌는데 아직까지 몇몇 유럽 국가에서는 이런 관습이 남아 있다. 고대 그리스에서는 학생들이 로즈마리로 화관을 만들어 머리에 쓰고 공부하거나 우리가 시험 전 엿을 먹듯이 합격을 기원하며 로즈마리를 태우는 풍습이 있었다. 이 밖에도 로즈마리는 피로 회복과 각종 통증에 효능이 있다. 로즈마리는 꽃과 잎 모두 식용 가능하다. 로즈마리를 뜨거운 물에 우려 허브티로 마시거나 에센셜 오일로 만들어 잠자기 전이나 공부하기 전, 또는 머리가 아플 때 발생하는 각종 통증 부위에 발라 사용한다. 로즈마리를 스테이크나 삼겹살 볶음에 넣거나 수프 등에 뿌리면 맛과 풍미가 더해진다. 초콜릿이나 과일 디저트에 넣어 먹어도 잘 어울리고, 설탕과 1:1 비율로 절인 로즈마리청을 만들어 목이나 머리가 아플 때나 감기가 심할 때 뜨거운 물에 타 마시면 좋다.

· 꿀풀과 여러해살이 상록저목으로 지중해에서 자생
· 식물학명: *Rosmarinus officinalis*
· 키: 1~2미터
· 꽃 피는 시기: 4~6월(종마다 다르지만 대부분 4년생부터 꽃이 핀다)
· 특징: 로즈마리 뿌리는 자라는 속도가 느려 매해 조금씩 퍼지는데, 이 모습을 지켜보는 묘미가 있다.
　　　 화분에서도 잘 자라며 통풍과 과습에 주의해야 한다.

마조람

Sweet Marjoram

상쾌한 숲에서 피어오르는 달콤한 꽃향기

허브는 그 종류도 다양하지만 자칫 헷갈릴 정도로 서로 비슷해 보이는 종들이 많다. 터키의 산 중턱 바위틈에서 야생으로 자생하던 마조람은 키가 30~60센티미터 크기로 자라고 척박한 환경에서도 개의치 않고 잘 자라는 허브다. 그런데 그 모습이 오레가노와 너무 닮아서 외관상으로 둘을 구분하는 일은 정말 쉽지 않다. 이는 마조람과 오레가노를 구분하는 방법이 꽃받침 모양의 미세한 차이, 털이 어느 정도로 많은지, 성장하는 습관이 어떤지에 근거하기 때문이다. 오레가노의 꽃받침이 좀 더 부푼 모양이고 잎과 줄기에 털이 더 많은데 이는 너무 미세하여 정원사(전문가)도 구별하기 힘들 정도다. 마조람과 오레가노를 정확히 구분하기 위해서는 그 향과 맛에 집중해야 한다. 오레가노가 톡 쏘는 매운 향과 쌉싸래하고 떫은맛이 난다면, 마조람은 상대적으로 순하고 달콤한 꽃과 숲 향기가 나기 때문이다. 그래서 마조람을 '스위트마조람', 오레가노와 비슷하게 생겨 '스위트오레가노'라고 부른다. 또 꽃이 피기 전 꽃봉오리 모양이 매듭이 묶인 것처럼 보인다 하여 '매듭마조람'이라는 별명으로도 불린다. 사실 오레가노와 마조람은 종명만 서로 다르고 같은 속명(Origanum)을 가진 형제 관계다. 추위를 잘 견디는 마조람은 방부효과가 뛰어나 3,000년 전 이집트에서는 요리용 방부제로 재배되었다. 그리스에서는 마조람이 '행복'을 상징해서 결혼식 화환으로 사용된다. 마조람 잎의 달콤하고 상쾌한 향은 육류 요리에 잘 어울린다. 요리 전 향미를 돋우고 잡냄새를 제거하기 위해 고기를 재우는 용도로 사용하고, 본요리에도 넣는다. 단, 강한 불로 익히면 향과 맛이 모두 사라지기 때문에 오븐을 사용하거나 생잎을 요리의 마지막 단계에 올리는 것이 좋다. 따뜻한 물에 5~10분 정도 마조람 1티스푼을 넣고 우린 차는 달콤 쌉싸래한 맛이 나며 멀미가 날 때나 소화 불량에 효과가 있다. 마조람 잎을 자연 바람에 건조시켜 포푸리로 만들어 베개 속에 넣고 자면 불면증에 좋다. 애플민트나 파인애플세이지 같은 경우는 향기가 금방 사라져 천연포푸리로는 사용하지 않는 반면, 마조람의 잎은 말려도 향기가 오래도록 남아 있기 때문에 천연포푸리로 만들기 적당하다. 꽃과 잎에서 뽑은 정유는 화장품과 향수에도 사용된다.

· 꿀풀과 여러해살이 식물로 터키에서 자생
· 식물학명: Origanum majorana
· 키: 20~80센티미터
· 꽃 피는 시기: 5~9월
· 특징: 화분에서 키우며 오레가노에 비해 물을 좋아하는 편이다.

멕시칸세이지

Mexican Bush Sage

보라색 벨벳 코트를 입은 우아한 꽃

멕시코 전통의상 솜브레로(sombrero)와 판초(poncho)와 함께 있으면 제법 잘 어울릴 것 같은 이국적인 잎을 지닌 멕시칸세이지는 달콤한 과일 향기가 나는 것도 맛이 있는 것도 아니다. 따라서 식용으로 사용되지는 않는다. 잎에 서는 코를 찌르는 듯한 맵고 강한 향기가 나지만 꽃에는 아무 향기가 없다. 서늘한 가을이 되면 길쭉한 잎들 사이로 보라색 벨벳 코트를 걸친 애벌레들이 주렁주렁 달린다. 멕시칸세이지에 살고 있는 애벌레일까? 진짜 정체는 무엇일까? 많은 털을 가졌다 해서 '멕시칸부시세이지(Mexican Bush Sgae)'라 불리는 이 보랏빛 애벌레들을 멕시칸세이지의 꽃이나 열매라고 생각한다면 큰 오산이다. 꽃대 위에 총상화서처럼 달린 사랑스런 이들의 정체는 바로 꽃봉오리다. 때가 되면 보라색 융모 사이에서 아름다운 연보라색 꽃이 하나둘 피기 시작한다. 이 보라색 융모 꽃받침의 영향으로 꽃에서는 쓴맛이 난다. 연보라색으로 피어나는 꽃만 따 먹는다면 꿀이 들어간 샐비어처럼 달콤한 맛이 나지만 워낙 작은 꽃과 꽃의 절반을 차지하는 꽃받침의 크기 때문에 초보자들은 꽃과 꽃받침의 차이를 구분하기가 쉽진 않다. 자칫하면 쓴 꽃받침을 꽃으로 착각할 수도 있기 때문이다. 꽃에도 특별한 약 효능이 있는 것은 아니라서 식용이나 약용으로 사용하지 않는다. 그래서 멕시칸세이지는 버드나무 잎처럼 기다란 이국적인 잎과 털이 풍성한 보라색 꽃봉오리를 보기 위한 관상 허브로 많이 사용된다. 작은 화분에서도 멕시칸세이지는 크게 잘 자란다. 따뜻한 봄과 여름철, 생장이 왕성해지면 길게 뻗어 자란 줄기가 식물 자체의 무게를 이기지 못하고 휘어지기 때문에 지지대를 세워주길 권한다. 물론 지지대가 없어도 나쁘진 않다. 이리저리 휘면서 자연스럽게 자란 긴 줄기는 꽃꽂이 절화와 드라이플라워로 인기가 많기 때문이다. 보라색 벨벳 꽃봉오리는 포푸리, 화관, 부케, 꽃다발 등 실내외 장식으로 많이 사용된다. 독성이 없기 때문에 요리 장식으로도 사용 가능하다. 봄철 집 안 분위기를 이국적으로 만들고 싶다면 멕시칸세이지 모종을 구입해 키워보자. 물만 잘 주면 화분에서도 잘 자란다. 추위에 약하니 겨울에는 따뜻한 실내로 옮겨주어야 한다.

· 꿀풀과 관목성 여러해살이 식물로 과테말라, 멕시코에서 자생
· 식물학명: *Salvia leucantha*
· 키: 100~150센티미터
· 꽃 피는 시기: 9~10월
· 특징: 가을에 꽃봉오리가 피면 긴 줄기를 잘라 실내 장식을 해보자.

시계초

Passion Flower

괜찮아, 걱정하지 마

꽃의 생김새가 시계를 닮아서 시계초라 불리는 이 식물은 서양에서는 '패션플라워(Passion Flower)'로 불린다. '패션 (Passion)'은 '고난(suffering)'이라는 뜻의 라틴어 '파시오(passio)'에서 유래되었다. 17세기 초 남아프리카를 방문한 스페인 선교사들이 이 꽃을 발견하고 활짝 핀 그 모양에서 십자가에 못 박힌 예수의 모습을 떠올리며 '고난의 꽃 (Passion Flower)'이라는 이름을 붙였다. 이 꽃의 진짜 꽃잎은 수술대 뒤에 있는데 열 장으로 구성된 하얀 꽃잎은 예 수가 십자가에 못 박힐 때 함께 있었던 베드로와 유다를 제외한 열 명의 사도들을 상징한다. 시계초는 덩굴 식물로 그 자생지에서는 철로나 강둑 등으로 마구 뻗어가면서 자라는 야생초다. 화려한 모양과 색감 때문에 가끔 독초로 오해하는 사람들도 있지만 열매, 꽃, 잎, 어느 것 하나 버릴 것 없이 식용과 약용이 가능한 식물이다. 향이 아름다 워 나비들이 좋아하는 시계초는 아쉽게도 그 아름답고 화려한 꽃을 단 하루만 피운다. 꽃이 지고 2~3개월이 지나 면 그 자리에 초록색 열매가 달리기 시작한다. 라임만 한 크기의 열매는 성숙해지면서 점점 적갈색으로 변한다. 이 열매를 원산지에서는 '메이팝(Maypop)'이라 부르고 영어로는 '패션프루트(Passion Fruit)'라고 부른다. 익은 열매를 반으로 자르면 올챙이처럼 생긴 씨앗들이 젤리처럼 물컹한 노란 과즙에 가득 담겨 있는데 그 맛은 라임처럼 강렬 하게 시면서도 달콤하다. 하지만 먹을 때마다 뱉어내야 하는 딱딱한 씨 때문에 먹기가 불편하다. 열매는 잼, 젤리, 쿠키 등 다양한 디저트에 사용되고 음료나 요리에 넣기도 한다. 꽃은 생으로 요리에 넣어 먹고 어린잎은 샐러드를 만들거나 요리에 넣고 건조시켜 허브티로 마신다. 아메리카 원주민들은 오래전부터 시계초의 뿌리를 빻아 상처나 염증을 치료하고 신진대사 기능을 회복하는 강장제로 사용했다. 또한 이유기 아이들의 귓병 치료에 시계초 뿌리 를 우려내 만든 물약을 사용했다. 그 후 수십 년 동안 유럽 정복자들에게는 패션프루트가 불면증 치료제로 사용되 었다. 백 가지 향이 난다 하여 백향과(百香果)로 분류된 시계초는 긴장을 완화하는 효능이 있음이 밝혀졌다. 열대 지방에서 자생하던 식물이기에 우리나라에서는 실내에서 키우는 것이 좋다. 햇볕을 좋아하고 건조한 환경에서도 잘 자라니 물은 많이 주지 말자.

· 백향과 여러해살이 상록성 덩굴 식물로 남아메리카에서 자생
· 식물학명: *Passiflora incarnata*
· 키: 6미터
· 꽃 피는 시기: 7~9월
· 특징: 신기하게 생긴 시계초와 패션프루트 열매를 보기까지 심은 후부터 적어도 2년은 필요하다.

우슬초

Hyssop

큰 것에서 작은 것에 이르기까지

고대 이스라엘의 담벼락과 구석진 모퉁이에서 흔히 볼 수 있었던 작고 소박한 우슬초는 그 자태처럼 '겸손'을 상징한다. 자칫 하찮은 풀 같아 보이지만 가난한 서민들의 일상에 많은 도움을 준 유용한 허브다. 기관지염, 거담 작용, 해열, 천식에 효과가 있는 말린 우슬초 차는 전통적으로 감기약으로 사용되었다. 유럽에서는 우슬초에 허하운드를 섞은 차를 마시며 감기를 예방하는데, 감기 초반에도 꾸준히 마시면 좋다. 또한 우슬초는 염증 치유 효능이 있어 류머티즘으로 인한 근육과 관절의 통증을 완화한다. 영국의 식물학자 머드 그리브(Maud Grieve)가 1931년에 펴낸 책 『현대약초서(A Modern Herbal)』에 따르면 "약초에 향신료로 사용되는 우슬초는 항바이러스, 근육 류머티즘, 소화 작용에 뛰어나고 기분이 좋아지는 청량한 박하향에 싱그러운 맛과 쌉쌀한 맛이 어우러져 있다"고 한다. 우슬초는 건조시켜도 향기가 그대로 남아 있고 향이 오래간다. 고대의 가난한 서민들은 비싼 라벤더 대신 우슬초 다발을 집에 걸어두고 방향제나 향신료로 사용했다. 영어로 '히솝(Hyssop)'이라 부르는 우슬초의 어원은 히브리어 '에조브(ezob)'로 '다발로 뭉쳐진 식물', '지나가다'라는 뜻인데, 성서에서 어린 양의 피를 적셔 문지방을 발랐던 우슬초 묶음은 신포도주에 적셔 십자가 위 예수에게로 향했다. 이렇듯 우슬초는 '성스러움(holy spirit)'의 상징이기도 하다. 그래서 부정한 것을 만진 사람들을 정화하는 정결 의식에도 사용되었다. 우슬초의 말린 잎은 생선이나 육류 요리의 풍미를 살리는 데 사용된다. 특히 기름진 음식에 넣으면 느끼함이 사라지고 향미가 살아난다. 살구, 복숭아, 자두, 체리, 크랜베리를 올린 과일파이나 소르베 등 디저트와도 잘 어울린다. 벌이 많이 모이기 때문에 밀원 식물로 사용되고 주변 식물들에게 좋은 영향을 미치는 공생 식물로 쓰인다. 양배추 주변에 심으면 병충해를 예방해주고 포도나무 주위에 심으면 포도의 수확량과 향미를 높여준다. 우슬초는 척박한 환경에서도 잘 자란다. 땅이 기름지면 오히려 그 향이 사라지니 주의하자. 서늘한 봄에 씨를 뿌리는데 조금 건조하게 키우는 것이 좋다. 더위와 습기에 약하므로 장마철이 오기 전 밑단을 싹둑 잘라주면 병충해나 줄기 썩음을 방지할 수 있다.

· 꿀풀과 히솝속 여러해살이 식물로 지중해에서 자생
· 식물학명: *Hyssopus officinalis*
· 키: 40~60센티미터
· 꽃 피는 시기: 6~10월
· 특징: 정원이나 화분에서 모두 잘 자란다.
　　　약용 시 8월에 꽃대를 잘라주어야 한다.

차이브

Chives

하늘을 바라보며 꿈꾸는 보라색 풍선

농장에서 차이브를 볼 때면 어릴 적 놀이동산에서 만난 보라색 풍선이 떠오른다. 나뭇가지에 걸려 날아오르지 못하는 풍선을 하늘 저 멀리로 자유롭게 보내주고 싶었다. 둥근 풍선을 닮은 차이브 꽃은 하늘을 올려다보며 꿈을 꾸듯 옹기종기 귀엽게 피어난다. 20~30개의 작은 꽃들이 모여 둥글게 피어나는 이 꽃을 꿀벌들도 좋아한다. 차이브는 파보다는 작지만 부추보다는 크다. 그 뿌리는 작은 양파처럼 생겼다. 차이브를 집에서 파 대신 키우면 요리가 풍성해질 뿐만 아니라 봄철 개화하는 분홍색, 보라색의 꽃들로 집 안 분위기까지 화사해진다. 우리나라의 파처럼 유럽에서는 차이브를 '국민 향신료'라 부른다. 차이브의 향기는 파나 부추, 양파보다 부드럽고 향기롭다. 초록색 잎은 생선이나 고기 요리에 잘게 썰어 넣어 요리의 풍미를 더하는 데 사용하고, 꽃잎은 샐러드에 넣어 먹는다. 차이브의 향미를 유지하기 위해서는 가열보다는 요리의 마지막에 곁들여주는 것이 좋다. 주로 생잎을 사용하지만 장기간 보관해야 할 경우 잘게 썰어서 건조시키거나 냉장고에 넣어두고 사용한다. 차이브를 수확하는 방법은 간단하다. 길게 뻗은 잎이 20센티미터 정도 성장하면 하단을 손가락 두어 마디만 남기고 잘라주면 된다. 잎들은 금세 또 쑥쑥 자라나기 때문에 여러 번 수확이 가능하다. 추위에 강해 알프스 고산 지역에서도 잘 자생했듯 어느 환경에서나 쉽게 키울 수 있는 허브다. 여러해살이 식물이지만 더 건강하고 신선한 향기의 차이브를 얻으려면 2년에 한 번씩 다시 심어주는 것을 권한다. 봄에는 씨를 뿌리고 가을에는 포기를 나누어 번식시킨다. 차이브 꽃을 정원 경계면에 이어 심으면 아기자기 귀여운 화단을 만들 수 있다. 차이브는 효능이 좋아 약용으로도 쓰인다. 잎에는 비타민 A, B1, C와 엽산, 철분, 칼슘, 인, 칼륨, 섬유질이 풍부하여 면역력을 높여주고 빈혈과 혈액 순환에 좋다. 혈압을 낮춰주고 중풍과 심장마비 예방에 도움을 주는 케르세틴(quercetin)도 풍부하다. 오일을 추출하여 사용하기도 하는데 차이브 에센셜 오일은 독특한 향미로 식욕을 돋우고 살균 및 방부 효과가 있다.

· 부추속 여러해살이 식물로 유럽, 아시아에서 자생
· 식물학명: *Allium schoenoprasum*
· 키: 15~30센티미터
· 꽃 피는 시기: 6~7월
· 특징: 5,000년 전부터 요리에 썼던 허브로 꽃은 절화로도 사용하고 관상용으로 인기가 있다.
　　　화분에서도 잘 자라며 물을 좋아하니 규칙적인 물 관리에 신경 쓰자.

커먼세이지

Common Sage

소의 혀를 닮은 오돌오돌한 이파리

여름에 피는 보라색 꽃과 소의 혀처럼 생긴 오돌오돌한 긴 잎에서는 매운 후추향이 난다. 다른 종의 세이지와 달리 지중해가 원산지인 커먼세이지는 그 아름다운 향기 덕분에 중세 시대 뭇 여성들의 러브콜을 받았다. 잎은 건조시킨 후 잘게 빻아 후추 대신 요리에 넣거나 생잎 그대로 고기 잡냄새를 없애는 데 사용했고, 꽃은 샐러드나 디저트 위에 올려 향미를 돋우거나 허브티로 먹었다. 부엌 가까이에 심어두고 향신료나 약용으로 쓰거나 정원용 관상수로 많이 심었다 하여 '가든세이지'라고도 불린다. 속명 '살비아(Salvia)'는 '건강을 구하다, 치료하다'라는 뜻의 라틴어에서 유래되었다. '커먼세이지'라고 불리는 '살비아 오피키날리스(Salvia officinalis)'는 세이지종 가운데 가장 약효능이 많아 수 세기 동안 '건강과 장수의 허브'로 사용되어왔다. 영국에는 "정원에 세이지를 심으면 병에 걸리지 않는다"라는 속담이 있다. 18세기 영국의 허벌리스트 존 이블린(John Evelyn)은 "놀라운 효능을 지닌 세이지를 꾸준히 복용하면 장수한다"라고 말했다. 고대에는 질병이 생기면 커먼세이지를 침대에 깔고 잤다. 이집트인들은 커먼세이지를 임신을 잘되게 하기 위해 먹었고, 그리스인들은 기침과 호흡기 감염에 커먼세이지를 먹었다. 인도의 치료사들은 입과 코의 염증 및 통증, 소화 불량에 커먼세이지를 처방했다. 로마에서는 커먼세이지의 강한 향기가 악귀를 쫓는 힘이 있다고 믿어 종교 의식에 사용했다. 커먼세이지의 강한 살균 효능은 이와 잇몸을 깨끗하게 하는 효과가 있어 싱싱한 잎을 치약 대용으로 쓰거나 치아 미백을 위해 씹어 먹기도 했다. 커먼세이지를 우려낸 물로 머리를 헹구면 비듬 치료에 좋다. 커먼세이지로 만든 에센셜 오일은 정신을 맑게 해주고 기억력을 향상시키며 다한증에도 효과가 있다. 그 뿌리를 잘게 썰어 건조시킨 후 차로 마시면 심장을 튼튼하게 하는 데 도움이 된다. 건조한 바위 비탈 지대에서 거친 환경을 이겨내며 자라던 커먼세이지는 물이 잘 빠지는 토양을 좋아한다. 햇볕을 충분히 받게 하되 물은 너무 많이 주지 않는다. 커먼세이지는 씨앗이나 꺾꽂이로 번식한다. 꺾꽂이로 번식할 때는 뿌리 근처 줄기를 잘라 발근 촉진제를 묻힌 후 굵은 모래에 심으면 뿌리를 잘 내린다. 고기 위에 커먼세이지 한 잎만 올려놓아도 고기 육즙의 향미가 달라진다. 녹인 버터에 커먼세이지를 넣고 살짝 볶아 파스타나 고기 위에 뿌려보자. 잎을 살짝 튀겨 장식으로 올려놓아도 좋다.

· 꿀풀과 여러해살이 식물로 지중해에서 자생
· 식물학명: *Salvia officinalis*
· 키: 40~70센티미터
· 꽃 피는 시기: 5~7월
· 특징: 화분에서도 잘 자란다.
      임신, 수유 중, 고혈압, 당뇨병 약을 복용 중인 사람은 사용을 피하는 것이 좋다.

페퍼민트

Peppermint

잃어버린 기운을 되찾아주는 향기

민트류 가운데 가장 강한 박하향이 나는 커다랗고 뾰죽한 잎을 가진 페퍼민트는 '서양박하'로도 불린다. 그 향이 너무 진해 머리에서 계속 맴돌 정도로 마성적이다. 페퍼민트의 시원한 향은 아로마테라피로 인기가 많으며 허브 티로도 마시기 좋다. 페퍼민트의 속명 '멘타(Mentha)'는 그리스 신화 속 지하세계 왕 하데스의 아내 페르세포네의 질투로 박하풀로 변해버린 님프 '멘타'의 이름에서 따왔다. 민트의 뿌리는 지면으로 번식이 잘되기 때문에 교잡이 쉽다. 페퍼민트는 워터민트(Mentha aquatica)와 스피어민트(Mentha spocata) 사이에서 자연적으로 교배된 종으로 추정된다. 유럽의 습기가 많은 개울가나 논둑에서 흔하게 자라던 야생풀 페퍼민트는 17세기 영국인들이 신대륙으로 가져가 정원에 심기 시작하면서 급속도록 퍼지기 시작했고, 오늘날 전 세계적으로 사랑받는 허브가 되었다. 고대 로마의 문학가 플리니우스(Gaius Plinius Caecilius Secundus, 62~112?)는 페퍼민트의 향이 사람의 정신과 혼을 고양시킨다고 표현했고, 약학자 플리니우스(Gaius Plinius Secundus, 23~79)는 페퍼민트의 강한 향기가 잃어버린 기운을 되찾아준다고 했다. 이 때문에 로마인들은 축제 때 머리에 페퍼민트로 만든 관을 썼다. 또한 치약이 없던 고대에는 페퍼민트를 와인이나 식초에 우려내어 구강세정제로 사용했고, 중세 시대에는 민트 잎을 두통과 위장 질환 치료제로 사용했다. 오래전부터 생약소화제로 이용해올 정도로 소화 불량에 효과가 있으며, 근육통과 과민성 대장증후군(IBS)의 치료제로도 많은 연구가 이루어지고 있다. 페퍼민트는 여름에 분홍색 또는 연보라색 꽃이 피는데 종자는 번식력이 거의 없어 꺾꽂이나 포기 나누기로 번식한다. 잎에 있는 기름샘에서 '멘톨(menthol)'이라는 진하고 독특한 향기를 만들어내는데, 건조된 식물을 증류하거나 오일로 추출하여 목욕제나 아로마마사지로 사용한다. 또한 족욕제나 모세혈관 확장증을 완화하기 위한 습포로 이용하며, 몸을 차게 하는 효과가 있어 여름철 스킨이나 바디로션에도 쓰인다.

· 꿀풀과 박하속 여러해살이 식물로 유럽에서 자생
· 식물학명: Mentha piperita
· 키: 30~90센티미터
· 꽃 피는 시기: 7~9월
· 특징: 고대에 구강세정제로 사용했던 허브.
　　　자극적이므로 피부 트러블이 많은 사람들은 약하게 사용하길 권한다.
　　　화분에서도 잘 자라며 관리가 쉽다.

허하운드

Horehound

신이 준 씨앗

달콤한 박하향이 나는 허하운드는 잎맥이 주름처럼 깊게 패인 회녹색 잎에 솜털이 많이 나 있어 '흰털박하'라 부르기도 한다. 허하운드는 피버퓨, 캐모마일과 함께 중세 시대 서민들이 집에서 키운 '3대 약용 식물'이고, 유대인들이 유월절에 먹는 '5가지 쓴 허브' 중 하나다. 고대 이집트에서는 허하운드의 뛰어난 해독 효과에 찬사를 보내며 '신이 준 씨'라고 불렀고, 또한 고대 유럽 민간의학에서는 허하운드를 각종 염증 치료에 외용이나 내복약으로 썼으며, 종교적으로는 악귀를 내쫓는 의식에 사용되었다. 허하운드는 쓴맛이 강해 식용보다는 약용으로 많이 사용되는 허브다. 비타민 C가 풍부하여 중세 유럽에서는 감기 치료를 위해 허하운드를 건조한 분말 1~2그램을 1일 3회 복용했다. 민간에서는 허하운드를 시럽처럼 만들어 가정상비약으로 두고 목이 아프고 기침이 심할 때나 소화 불량으로 속이 불편할 때 복용했다. 건조시킨 허하운드의 어린잎이나 꽃을 뜨거운 물에 우려내 허브티로 마시는데 맛이 써서 먹기 힘들다면 꿀이나 흑설탕을 넣어 먹자. 말린 감과 블렌딩해서 마셔도 잘 어울린다. 어린이 기침에는 허하운드 잎을 꿀이나 설탕을 넣고 졸여서 사탕처럼 만들어 먹이면 효과가 좋다. 시중에 판매되는 허하운드로 만든 박하맛 캔디가 유명하다. 허하운드는 너무 많이 복용하면 설사를 유발하여 체중이 감소되기 때문에 주의해야 하지만, 이를 이용해 다이어트제로 쓰기도 한다. 허하운드 꽃에서 채취한 꿀은 기침을 완화하는 치료제로 쓰이고, 잎을 졸여 만든 물은 습진이나 대상포진 등 피부염증 질환에 바르면 효과적이다. 허하운드로 포푸리를 만들어 집 안에 걸어두면 살균 효과를 볼 수 있고, 허하운드 우린 물을 분무기에 담아 식물의 가지나 잎에 뿌리면 벌레나 해충을 없애는 살충제로 쓸 수 있다. 1세기에 로마의 저명한 농업 작가 콜럼멜라(Columella, 4~70)가 해충을 퇴치하기 위한 방충제로 허하운드를 사용한 기록이 있다. 허하운드는 땅밑줄기로 번식하는 허브로 관리가 쉬워 키우기 쉽고 추운 겨울에도 월동이 가능해 정원 화단에 키우면 좋다. 줄기는 50센티미터까지 길고 곧게 자라고, 여름이면 민트처럼 흰색의 작은 꽃들이 둥글게 모여 피어나니 관상용으로도 손색이 없다.

· 통화식물목 꿀풀과 여러해살이 식물로 유럽, 북아프리카, 서아시아에서 자생
· 식물학명: *Marrubium vulgare*
· 키: 25~45센티미터
· 꽃 피는 시기: 7~8월
· 특징: 감기나 염증에 좋은 민간 가정상비약 허브.
　　　임산부는 약용을 피하고 과다 복용에 주의해야 한다.

All That Herb

꽃을 보고자 하는 사람에게는
어디에나 꽃이 피어 있다.

—앙리 마티스

Dahlia pinnata

Serenoa repens

Ricinus communis

Laurus nobilis

Palisandra coleus

Viola tricolor var. hortensis

Pelargonium sidoides

Juniperus communis

달리아

Dahlia

당신의 미소만큼 달콤한 영원한 꽃

아름다운 달리아가 유럽에 퍼지면서 유럽 귀족들은 아내나 구혼자에게 달리아 구근을 선물하며 "당신의 뺨처럼 아름다우며 당신의 미소만큼 달콤한 꽃을 그대에게 드립니다"라고 말했다고 한다. 이 말은 1824년 엘리자베스 남작 부인(Elizabeth Vassall Fox)이 영국 정치가이자 남편인 홀랜드 경(Lord Holland)에게 받은 사랑의 편지 속 내용이다. 달리아(Dahlia)라는 이름은 18세기 스웨덴 허벌리스트 다알(Anders Dahl)의 이름에서 따왔다. 멕시코와 과테말라의 해발 2,000미터 이상에서 자생하는 달리아는 1570년 토착 식물을 연구하기 위해 멕시코를 방문한 의사 필립 2세에 의해 유럽으로 전해지며 세상에 알려지게 되었다. 필립 2세는 아즈텍 원주민들이 달리아 구근과 꽃을 간질 치료제로 쓰고, 속이 빈 긴 줄기를 식용, 염료, 원예 등 여러 곳에 사용하는 것을 보고 유럽에 전했다. 이때부터 달리아의 화려한 아름다움에 반한 유럽인들의 칭송이 이어졌고, 18세기부터는 본격적으로 달리아가 퍼지기 시작했다. 초기에는 원주민들처럼 뿌리를 먹기 위한 채소 작물로 재배하다가, 19세기부터 식용보다 원예용으로 달리아를 재배하면서 수천 가지의 달리아 품종이 개발되었다. 처음 발견되었을 당시 그 자생지에서는 12~15종만 서식했으나 다양한 교잡을 거쳐 오늘날 재배되는 달리아 품종은 1만~3만여 종이 넘으며 매해 새로운 개량 품종이 발표되고 있다. 백일홍과 마찬가지로 달리아는 낮이 긴 장일에서 단일로 넘어가는 여름에서 가을 사이 가장 많이 꽃을 피운다. 종류에 따라 다양한 색깔의 꽃과 겹달리아가 피기도 하는데 최근 두 가지 색이 섞여 있는 하이브리드 품종도 선을 보이고 있다. 추위에 약하고 낮 길이가 12시간 이하인 단일에서는 생장을 멈추기 때문에 우리나라에서는 여름부터 가을까지만 꽃을 피우지만, 자생지인 멕시코와 과테말라에서는 1년 내내 꽃을 볼 수 있다. 꽃은 식용 가능하고 염료로도 쓰인다. 꽃잎이 잘 떨어지니 꽃을 수확할 때 특히 주의하자. 10월이 되면 꽃이 지고 열매가 성숙해져 씨앗을 채취할 수 있다. 구근으로 번식시킬 때는 적어도 땅속 12센티미터 깊이에 구근을 묻어야 저온 처리가 되며 휴면 상태로 들어간다. 이눌린이 풍부한 달리아의 구근뿌리는 고구마처럼 쪄 먹으면 야콘 같은 식감이 나고, 품종과 토양 조건에 따라 맛이 달라지는데 보통 초콜릿이 연상되는 단맛이 나서 음료에도 사용된다.

· 초롱꽃목 국화과 여러해살이 식물로 멕시코, 과테말라에서 자생
· 식물학명: *Dahlia pinnata*
· 키: 1.5~2미터
· 꽃 피는 시기: 7~8월
· 특징: 붉은 양귀비의 아름다운 색이 떠오른다 하여 '악마의 별들'이라는 별칭이 있다.
　　　 겨울철 절화 재배를 위해 꺾꽂이로 번식시키기도 한다.

쏘팔메토

Saw Palmetto

작은 동물들이 사는 환상의 보금자리

출렁이는 푸른 바다, 바람에 부서지는 하얀 파도, 길게 펼쳐진 모래 언덕, 높이 솟은 소나무 숲, 그 아래로 삐죽삐죽 뻗어 있는 난쟁이 야자나무의 잎들. 이 난쟁이 야자나무는 미국 남동부 휴양의 도시 플로리다의 소나무 숲이나 모래 언덕에서 흔히 볼 수 있다. 멀리서 보면 잔디나 덤불 숲 같기도 하고 야자 잎만 땅에 꽂아놓은 것 같기도 하다. 파라오의 부채처럼 생긴 이국적인 잎 모양은 끝부분이 톱니처럼 날카롭고 뾰족해서 쏘팔메토가 무성히 자라 있을 때는 조심히 지나다녀야 한다. 올리브처럼 생긴 검보라색 열매는 신대륙이 개척되기 전 원주민들이 비뇨기 질환에 약용하며 먹던 음식(식재료)이었다. 18세기 아메리카를 탐험 중이던 유럽인들은 쏘팔메토의 열매를 처음 먹고 이렇게 말했다고 한다. "원주민들이 자주 먹는 이 열매는 마치 담배즙에 썩은 치즈가 담겨져 있는 역겨운 맛이다." 하지만 이 열매의 효능을 알고 난 뒤 그들의 반응은 180도 바뀐다. 18세기부터 지금까지 쏘팔메토에 대한 의학적 관심은 매우 뜨겁다. 한 연구 결과에 따르면 쏘팔메토 보조제를 매일매일 꾸준히 320그램씩 섭취했을 때 전립선 비대증이 점점 완화된 것으로 밝혀졌다. 이렇듯 쏘팔메토의 검정 열매는 뭇 남성들에게는 희망의 열매일지 모른다. 하지만 무더운 여름철 열매를 수확해야 하는 농부들에게는 골칫거리다. 높이는 90센티미터에서 2.7미터, 너비는 90센티미터까지 자라는 쏘팔메토의 잎이 너무 날카로워 옷이 쉽게 찢어지고 자칫하면 피부가 다칠 수도 있기 때문이다. 잎들이 서로 빽빽하게 자라나 작은 동물들에게는 천적들로부터 피할 수 있는 환상의 서식지이지만 이마저도 수확을 더 어렵게 만든다. 쏘팔메토의 그늘은 미국 동부에 많이 사는 방울뱀들의 휴식처가 되고, 관목 중앙에 벌들이 집을 만들기도 한다. 쏘팔메토는 특정 지역에서만 자생하는 식물이기 때문에 국내에서는 재배가 어렵다. 하지만 시중에서 그 열매를 쉽게 구할 수 있으니 안심하자. 먹는 방법은 간단하다. 물 1컵당 건조된 열매 1개를 넣어 1시간 정도 끓여주면 된다. 기호에 따라 꿀이나 설탕을 넣어 먹어도 좋다.

· 톱야자과 여러해살이 식물로 미국 남동부에서 자생
· 식물학명: *Serenoa repens*
· 키: 90센티미터~2.7미터
· 열매 맺는 시기: 7~9월
· 특징: 속명 세레노아(*Serenoa*)는 쏘팔메토 한 종밖에 없다.
　　　열매가 익는 여름에는 쏘팔메토가 자라는 주변 일대에 독특한 향기가 진동한다.

아주까리

Castor Bean

검은 진드기를 닮은 약이 되는 씨앗

'피마자'라고도 부르는 아주까리는 치명적인 독으로 자신을 보호한다. 아주까리 씨앗은 기네스북에 등재될 정도로 강한 독성을 지니고 있다. 이는 맹독성 단백질 리신(ricin) 때문이다. 오일을 추출하기 위해 씨앗을 삶거나 가열하면 리신은 사라지지만 씨앗을 생으로 4~8알 먹게 되면 자칫 죽음에 이를 수 있으니 주의해야 한다. 아주까리의 속명 '리키누스(Ricinus)'는 라틴어로 '진드기'를 뜻하는데 그 씨앗의 모양이 정말 징그러울 정도로 진드기와 닮았다. 식물의 키는 2미터 정도로 크게 자라고 줄기 속은 비어 있으며 잎은 날카로운 손바닥 모양이다. 늦여름에 노란색 꽃이 피고 나면 껍질에 날카로운 가시가 달린 열매를 맺는데 그 안에 진드기 모양의 씨앗이 3개 들어 있다. 원산지인 열대 지방에서는 여러해살이 풀이지만 국내에서는 한해살이로 자란다. 아주까리 씨앗으로 만든 기름(피마자유)은 점도가 높고 보습력이 좋아 립밤, 보습크림, 비누 등 다양한 화장품의 원료 또는 약용으로 쓰인다. 인도에서는 기원전 2000년부터 피마자유를 호롱불을 켜는 데 사용했다. 움베르토 에코(Umberto Eco, 1932~2016)의 책 『로아나 여왕의 신비한 불꽃』에는 이탈리아 무솔리니 정권 때 파시스트들이 자신의 사상에 반대하는 자들을 고문하며 역겨운 아주까리 기름을 억지로 마시게 했다는 내용이 나온다. 이 기름은 다량 먹으면 장 내벽을 자극하여 설사를 유발하거나 현기증과 메스꺼움을 일으킬 수 있다. 많은 양은 독이 되지만 소량은 오히려 약이 된다. 머리나 눈썹에 소량씩 꾸준히 바를 경우 모낭 깊숙한 곳까지 튼튼해져 모발이 두꺼워지고 새 머리카락이 자라난다. 또한 소량의 파마자유를 먹으면 장 운동이 활발해져 변비에 좋다. 밥숟가락으로 한 스푼이면 적당한데 먹은 지 6시간 이내에 신호가 온다. 아침에 일어나자마자 공복에 먹는 것이 제일 좋으며 자기 전에 먹으면 효과가 나타나지 않을 수 있다. 항균 작용과 해독 작용이 뛰어나 상처나 갈라진 손발톱, 튼살 주위에 바르면 피부가 덧나지 않도록 도와준다. 아주까리 잎을 말리거나 생으로 삶아 무쳐 먹기도 한다.

· 대극과 여러해살이 식물로 인도, 소아시아, 북아프리카에서 자생
· 식물학명: *Ricinus communis*
· 키: 2미터
· 꽃 피는 시기: 8~9월
· 특징: 잎의 모양이 '예수의 손바닥'을 닮았다 해서 'Palm of Christ'라고도 불린다.

월계수

Sweet Bay

시들지 않는 영원한 나의 사랑

장난으로 쏜 에로스(큐피트)의 화살을 맞은 아폴론이 사랑에 빠진 이는 요정 다프네였다. 반대로 사랑을 거부하는 화살을 맞은 다프네는 끈질기게 사랑을 애원하는 아폴론을 피해 도망가다 결국 월계수로 변해버렸다. 이에 아폴론은 월계수를 자신의 성수(聖樹)로 삼고 왕관 대신 월계수로 만든 관을 쓰고 다녔다. 그리스에서는 아폴론을 기리며 전투에서 승리한 전사들의 머리에 월계관을 씌워주었고 이때부터 월계수는 승리를 상징이 되었다. 이후 월계관은 4년마다 열리는 올림픽으로 이어져 마라톤 승자에게 수여되었다. 월계수에도 많은 종류가 있지만 '그리스베이(*Laurus nobilis*)'라고 부르는 월계수를 식용 및 약용으로 많이 사용한다. '그리스월계수'라고도 부르는 이 식물은 영어로 '베이(Bay)', '베이트리(Baytree)', '스위트베이(Sweetbay)'라고도 부른다. 따뜻한 기후의 원산지에서는 18미터까지 자라는 큰 나무이지만 우리나라에서는 비교적 따뜻한 남부 지방에서만 자라며 겨우 3미터밖에 자라지 못한다. 자웅이주인 월계수는 봄에 노란색의 암꽃과 수꽃이 서로 다른 나무에서 피어난다. 잎은 여름에 수확하는 것이 가장 좋고, 꽃이 진 자리에 둥근 타원형으로 맺힌 열매는 가을이면 검은색으로 익는데 그 속에 한 개의 씨앗이 들어 있다. 추위에 약해서 겨울철에는 실내로 옮겨주는 것이 좋다. 가죽처럼 딱딱하고 삐죽하게 생긴 두꺼운 잎에는 특유의 향기가 나서 요리에 사용하면 고기의 누린내를 없애준다. 향처럼 맛도 특이해서 매운맛, 쓴맛, 떫은맛이 조화롭게 섞여 있다. 감자를 삶거나 피클을 만들 때 월계수 잎을 넣으면 더욱 풍미가 생긴다. 야채나 육류를 냉장고에 보관할 때도 월계수 잎을 함께 넣어보자. 냉장고 냄새가 음식에 배는 것을 막을 수 있다. 허브 오일이나 비니거 소스에도 잘 어울린다. 월계수 잎은 항균 작용이 뛰어나 감기, 세균 바이러스 감염을 예방하고 면역력을 높여준다. 혈액 순환을 개선시켜 근육 이완이나 두통 및 편두통에 좋으며 두피 건강도 지킬 수 있다. 월계수 잎과 열매에 풍부하게 들어 있는 비타민과 무기질은 피부의 독소를 제거해주며 노화 방지에 효과가 있다. 말린 잎을 허브티로 마시면 위 기능에 도움을 주고, 욕조에 넣어 목욕하면 피로 회복에 좋고, 잎을 우려낸 물을 트러블 피부에 사용하면 진정 효과가 있다. 열매도 잎과 마찬가지로 건조시키거나 오일로 추출하여 향신료나 화장품 재료로 사용하는데 열매에는 잎보다 30배 정도 많은 에센셜 오일이 함유되어 있다.

· 미나리아재비목 녹나무과 상록교목으로 지중해에서 자생
· 식물학명: *Laurus nobilis*
· 키: 12~18미터
· 꽃 피는 시기: 4~5월
· 특징: 건조된 잎은 향이 빨리 사라지므로 개봉 후 바로 사용하거나 필요할 때마다 조금씩 구매하는 것이 알맞다.
　　　너무 많이 사용하면 다른 재료의 향을 없애버리기 때문에 소량씩 사용하길 권한다.

콜레우스

Coleus

함께 어울려서 더 아름다운 매력

콜레우스는 지구상에 약 150종이 자생하는데 각 종마다 서로 다른 무늬와 색을 가지고 있다. 그 무늬와 색이 너무 화려해서 절대 함께 어울릴 수 없을 것 같아 보이지만 이들은 혼자일 때보다 어우러져 피어 있을 때 진정한 매력을 발산한다. 검정색에 가까운 진한 보라색의 신비로운 빛을 가진 '블랙드래곤(Black Dragon)'이라고 불리는 '팔리산드라 콜레우스(*Palisandra coleus*)'는 씨앗이 귀하고 그 색감이 독특하여 많은 정원사들에게 사랑받는 종이다. 초록색의 인도산 콜레우스(*C. forskohlii*)는 그 뿌리를 약용한다. 심장 질환과 체중 조절에 콜레우스를 사용했다는 기록이 인도의 전통 의학서 『아유르베다』에 나온다. 이 종의 뿌리는 섬유질이 많아 변비에 효과적이고, 뿌리에 함유된 포스코린 성분이 체지방 연소에 도움을 주어 오늘날 다이어트 제품으로 판매되고 있다. 또한 이디오피아에서 자생하는 콜레우스(*Plectranthus edulis*)와 아프리카에서 주요 식량으로 사용하는 콜레우스(*Solenostemon rotundifolius*)가 있다. 콜레우스는 열대 지방에서 자생하는 여러해살이 관엽 식물로 우리나라에 도입된 지는 얼마 되지 않았다. 추위에 약해서 정원에 심을 경우 겨울철 실내로 옮겨줘야 한다. 실내에서 키울 경우에는 온도를 5℃ 이상으로 유지해야 1년 내내 아름다운 잎을 볼 수 있다. 이른 봄에 파종하면 여름부터 가을까지 화려한 무늬 잎 사이로 피는 수상꽃차례를 볼 수 있다. 이 시기가 되면 키가 1미터가 넘게 커지는데 기네스북에 2.5미터까지 자란 콜레우스가 기록되어 있다. 관상용으로는 마치 독개구리의 화려한 패턴처럼 노란색 혹은 연두색 점무늬 테두리에 다양한 색깔의 패턴이 잎 가운데에 그려진 콜레우스 블루메이(*C. Blumei*)와 초록색 테두리에 보라색, 자주색, 분홍색의 다양한 패턴이 그려진 콜레우스 푸밀루스(*C. Pumilus*)를 많이 심는다. 아름다운 잎만 감상하고 싶다면 올라오는 꽃대를 자주 잘라주자. 잎이 더 풍성해진다. 단, 씨앗을 채취할 몇 그루는 남겨두자. 번식은 씨앗과 꺾꽂이로 하는데 서늘한 봄이나 가을에 하는 것이 좋다. 햇빛이 충분히 들어오는 양지에 심고 흙이 마르지 않게 물을 충분히 준다. 물을 줄 때는 잎에 물기가 닿지 않도록 해야 한다. 블루메이와 푸밀루스 종은 다양한 패턴을 위해 지금도 교잡종 연구가 이루어지고 있다. 각자 다른 개성과 색을 가진 콜레우스가 함께 어우러지며 아름다운 빛깔을 만들어내듯 우리 인간도 서로의 다름을 인정하고 부족한 점을 채워나가면서 더 멋지고 아름다운 세상을 만들 수 있다. 그것이 본래 우리가 태어난 목적이 아닐까 조심스럽게 생각해본다.

· 통화식물목 꿀풀과 여러해살이 식물로 동남아시아에서 자생
· 식물학명: *Palisandra coleus*
· 키: 50~100센티미터
· 꽃 피는 시기: 6~10월
· 특징: 씨앗은 봄과 가을에 파종하고 꺾꽂이는 봄과 여름에 한다.
　　　 화분에 심어 실내에서 키우면 아름다운 인테리어 효과를 볼 수 있다.

팬지

Pansy

작은 알갱이 속에 가득한 색의 향연

팬지(Pansy)는 '나를 생각해주세요', '사색'이라는 뜻의 프랑스어 '팡세(Pensées)'에서 유래된 것으로, 꽃의 생김새가 생각하는 인간의 모습을 닮았다 하여 붙여진 이름이다. 다섯 장의 꽃잎 중 밑에 있는 세 장의 꽃잎에만 무늬가 있다. 폴란드의 국화이기도 한 팬지는 유럽의 제비꽃을 개량한 꽃이다. 흰색, 노란색, 주황색, 보라색 등 여러 색의 꽃이 있는데 활발한 교배 연구로 그 색상이 더욱 다양해지고 있다. 짙은 보랏빛이 감도는 블랙팬지(Black Pansy)도 그중 하나다. 팬지는 영국의 메리 엘리자베스 베넷이 '삼색제비꽃'이라 불리는 비올라(*Viola Tricolor*)와 그 외 팬지류를 교잡하여 만든 신품종을 1813년 《원예 세계(Horticultural World)》에 소개하며 유럽 전역에서 인기를 끌기 시작했다. 팬지는 예술적 소재로 많이 사용되는데, 셰익스피어의 『한여름밤의 꿈』에 팬지로 만든 사랑의 묘약이 등장한다. 이에 유럽에서는 팬지가 이별의 상처를 아물게 하는 효력이 있다 하여 '하트이즈(Heartease)'로 불렸다. 프랑스 화가 앙리 루소는 팬지 그림이 그려진 편지를 연인에게 보내며 "당신에게 나의 모든 팬지를 바칩니다"라고 사랑을 고백했다. 1887년 5월 파리 몽마르트에서 반 고흐가 그린 〈팬지가 있는 바구니(Basket of pansies)〉는 인상적인 팬지의 모습을 잘 보여준다. 팬지는 씨앗보다 모종으로 구하기 쉽다. 구입한 모종을 3월 초 땅에 심으면 여름에

씨를 받을 수 있다. 9~10월쯤 파종하는데 내한성이 강해 추운 겨울을 지내고 다음해 봄에 꽃을 피운다. 이른 봄부터 꽃이 피기 때문에 봄 화단용으로 많이 쓰이는데 날이 더워지는 여름철에는 꽃이 작아지고 생육이 더뎌진다. 꽃이 지고 나면 열매가 열리고 그 속에 많은 씨앗이 들어 있다. 종자를 모으고 싶다면 꼬투리가 열리기 전 열매에 비닐을 씌워 묶어두면 된다. 팬지는 원래 여러해살이 식물이지만 많은 품종 개량을 거치면서 한해살이나 두해살이 식물로 자란다. 길게는 3개월 이상 꽃이 피며 꽃잎에 꿀주머니가 달려 있어 먹으면 달달한 맛이 난다. 팬지는 꽃의 색상에 따라 맛이 조금씩 다르다. 노란색은 약간 단맛, 흰색은 약간 매운맛, 보라색은 약간 더 매운맛이 난다. 샌드위치나 샐러드, 수프 위에 올려 요리 장식으로 사용해도 좋다. 팬지는 식물 전체에 루틴 성분이 많아 혈관을 튼튼하게 해주며 염증과 피부 미용, 노화 방지에 효과가 있다. 노란색, 녹색의 염료로 사용하고 잎은 리트머스 용도로도 쓴다. 고대에는 강장제로 이용했다. 팬지는 추위에 강해 우리나라 남부 지방에서는 월동이 가능하다. 중부 지방에서는 겨울철 실내로 옮겨주면 꽃을 볼 수 있다. 화사한 팬지 꽃으로 집 안 분위기를 색다르게 연출해보자.

· 제비꽃과 비올라속 두해살이 식물로 유럽에서 자생
· 식물학명: *Viola tricolor var. hortensis*
· 키: 20~40센티미터
· 꽃 피는 시기: 3~5월
· 특징: 콩벌레나 달팽이가 팬지 꽃을 좋아해서 꽃잎을 먹으니 키울 때 주의하자.

펠라르고늄

Pelargonium

집집마다 보이는 주름진 치맛자락

매끈하고 반듯하게 주름진 잎이 햇빛에 비칠 때마다 올리브 빛깔을 선보이며 반짝인다. 길게 올라온 하나의 꽃대에 매력적인 검은빛을 띠는 적갈색 꽃들이 오밀조밀 무리지어 달려 있다. 펠라르고늄은 식물학명의 창시자 칼 폰 린네(Carl von Linné, 1707~1778)에 의해 처음 제라늄(*Geranium*)속으로 통합되었지만 1789년 식물학자 샤를 레리티에르(Charles L'Héritier)에 의해 펠라르고늄(*Pelargonium*)속으로 분리되었다. 펠라르고늄속에는 로즈제라늄, 펠라르고늄 시도이데스 등 많은 종이 있다. 로즈제라늄은 꽃과 잎을 피부 염증이나 우울증을 치료하는 데 쓰고, 펠라르고늄 시도이데스는 기침이 심할 때 말린 뿌리를 허브티로 복용하면 도움이 된다. 펠라르고늄의 덩이뿌리에는 면역력 강화, 항바이러스에 좋은 성분이 있어 기관지염, 감기 및 독감, 축농증 등에 좋다. 오래전부터 아프리카 부족들은 이 식물의 통통한 뿌리를 호흡기 감염, 장 질환, 각종 상처 및 염증, 열병, 피로 회복 등에 사용했다. 펠라르고늄은 17세기 남아프리카를 찾았던 영국의 찰스 스티븐스(Charles Stevens) 소령에 의해 유럽으로 전해졌는데, 그가 결핵에 걸려 생사의 고비를 넘나들 때 원주민 부족이 이 식물의 뿌리를 빻아 먹여 결핵을 완치시켜준 것이다. 이를 계기로 많은 연구를 통해 만들어진 '스티븐스의 결핵 치료제'가 상업적으로 판매되기도 했다. 펠라르고늄은 개화 시간이 길다. 추운 겨울에만 실내에 옮겨주면 1년 내내 화려한 색감의 꽃을 볼 수 있다. 그래서 유럽에서는 화단이나 창가를 장식하는 허브로 많이 쓰인다. 화사한 꽃을 보기 위한 목적도 있지만 방충 효과도 얻을 수 있다. 모기가 싫어하는 향을 가지고 있기 때문이다. 펠라르고늄은 아무리 건조해도 덩이뿌리가 그 상태로 남아 있다가 물을 주면 다시 살아난다. 그래서 돌이나 모래가 많은 척박한 땅에서도 꿋꿋하게 잘 자란다. 햇빛을 좋아하지만 추운 날씨도 잘 견뎌낸다. 번식은 씨앗과 꺾꽂이로 한다. 감기 기운이 있을 때 끓는 물에 건조된 펠라르고늄 뿌리와 멀레인 잎을 각 1티스푼씩 넣고 10분간 끓여서 마시자. 기호에 따라 꿀을 첨가해도 좋다.

· 펠라르고늄속 여러해살이 식물로 남아프리카에서 자생
· 식물학명: *Pelargonium sidoides*
· 키: 30~50센티미터
· 꽃 피는 시기: 1년 내내
· 특징 : 물만 주면 잘 자랄 정도로 관리가 쉽고 추위와 병충해에 강하다.

향나무

Juniper

에덴동산에서 온 매혹적인 향기

향나무는 고대 값비싼 향신료였던 '수목의 왕' 백향목(栢香木)의 친척으로 가지와 열매 등 나무 전체에서 백향목과 비슷한 상쾌하고 좋은 향기가 난다. 중세 시대에는 향기 가득한 이 나무를 바닥에 뿌려 오염된 실내 공기를 상쾌하게 정화시키곤 했다. 자웅이주(암수딴그루)인 향나무는 4월경 꽃이 피는데 수꽃은 노란색 타원형으로 가지 끝에 달리고 암꽃은 동그란 모양으로 잎겨드랑이에 달린다. 10월이 되면 암그루에서 초록색 열매가 열리기 시작한다. 이 열매가 흑청색으로 성숙해지기까지 2년이라는 긴 시간이 걸리지만 채집자들의 잦은 채집 때문에 보기도 구하기도 쉽지 않다. 향나무 열매는 오래전부터 약용과 식용으로 사용되어왔다. 한때는 향나무가 악귀를 물리치는 힘이 있다 하여 나뭇가지를 태워 연기를 내거나 집 앞 현관에 심어두기도 했지만 시간이 흐르면서 그러한 풍습은 사라지고 약용과 향신료로만 사용되었다. 2년에 한 번씩 숙성되는 향나무의 작은 열매에는 소나무에서도 발견되는 피넨(pinene) 성분이 들어 있다. 이 성분은 살균 효과가 뛰어나 염증이나 피부 감염, 관절통, 요로 질환, 호흡기 질환 등에 효능이 좋다. 열매에 함유된 1퍼센트의 오일을 추출하여 냄새를 맡게 하거나 피부에 발라 치료한다. 또한 송진처럼 독특한 향기와 맛이 음식의 풍미를 더해주어 요리에 향신료처럼 사용한다. 식물학자 린네는 유니페루스(Juniperus)종을 식물의 기원으로 기록한 적이 있고, 향나무를 아담과 하와가 에덴동산에서 쫓겨날 때 가지고 나왔던 식물 중 하나라고 기록한 문서들도 있다. 이처럼 워낙 오랜 역사를 지닌 식물이기에 그 자생지를 정확하게 말할 수는 없지만 지구의 북반구 지역에서 주로 자라난다. 사실 어느 나라에 가든지 들판, 농지, 산 등에서 쉽게 볼 수 있을 정도로 향나무는 많은 지역에 분포되어 있다. 향나무는 기후와 환경에 따라 다섯 가지 품종으로 구분되는데 그중 커먼향나무(Juniperus communis)의 자생 범위가 가장 넓다. 물이 잘 빠지고 자갈이나 돌이 많은 척박한 환경에서 잘 자라는데, 환경에 따라 키가 9미터까지 크기도 한다. 씨앗은 번식력이 많이 발달되어 있지 않아 보통 꺾꽂이로 번식한다.

· 구과목 측백나무과 상록교목으로 지구 북반구 전역에서 자생
· 식물학명: *Juniperus communis*
· 키 : 3~9미터
· 꽃 피는 시기 : 4~6월
· 특징 : 고농도로 사용할 시 피부 염증이 생길 수 있으니 주의한다.
  임신 중에는 사용을 피한다.

부록

· 허브로 알아보는 식물 이야기 ·

· 허브를 잘 기르는 방법 ·

· 쓰임새 많은 허브 즐기기 ·

허브(Herb)란 푸른 풀을 뜻하는 라틴어 '헤르바(Herba)'에서 유래된 것으로 잎과 줄기를 향신료, 향미, 치료제 등으로 식용이나 약용하는 식물을 말한다. 오랜 연구를 거듭해오며 허브의 이용 부위는 잎, 줄기에서 꽃, 열매, 씨, 뿌리 등으로 넓어졌다. 허브는 그 이용 부위마다 재배하는 방법이 다르다. 잎이나 뿌리를 이용하는 허브는 꽃이 필 때 꽃을 잘라주는 것이 좋고, 씨앗을 사용하는 허브는 꽃이 활짝 핀 후 물 주기를 멈추는 것이 좋다. 이렇듯 허브는 그 이용 부위마다 재배하는 방법도 달라서 목적을 가지고 잘 재배하면 좋은 약용 작물이 되지만 자칫하면 잡초가 될 수 있다. 부록에서는 이 책에 소개된 허브를 통해 식물 분류와 용어를 간단히 알아보고, 어떻게 하면 허브를 더 잘 기를 수 있는지, 허브의 다양한 쓰임과 활용 방법에는 어떤 것들이 있는지 살펴보기로 한다.

린네의 식물 분류법으로 알아보는 허브 상식

식물은 스웨덴의 식물학자 칼 폰 린네의 분류법에 따라 계(界) 〉 문(門) 〉 강(綱) 〉 목(目) 〉 과(科) 〉 속(屬) 〉 종(種)으로 분류할 수 있다. 린네는 식물을 유사한 관계끼리 분류했는데 이는 꽃의 생김새나 생식기관 등 식물의 특징들과 밀접한 관련이 있다. 즉 내가 알고자 하는 식물이 어느 분류에 속하느냐에 따라 생식 방법과 내부 구조, 꽃차례 등을 알 수 있다.

예를 들어 말로우(본문 82쪽)와 금어초(본문 60쪽)의 식물 분류 기준은 아래와 같다.

'계'는 영어로 'Kingdom'이라고 하며 식물이 속한 위치군을 나타낸다. 처음 칼 폰 린네는 생물을 동물과 식물로 나누었지만, 이는 시간이 지나면서 고세균, 진정세균, 원생생물, 균, 식물, 동물의 6계로 나뉘었다. 허브는 식물이므로 식물계에 속한다.

'문'은 영어로 'Phylum' 혹은 'Division'이라고 한다. 문은 각 계에 속한 생물들을 비슷한 집단끼리 나눈 것으로, 식물계는 형태적 특징에 따라 나뉜다. 그중 씨앗을 퍼뜨려 번식하는 종자식물문이 있다. 허브는 대부분 꽃과 씨앗이 있는 종자식물문에 속한다. 종자식물문은 밑씨의 특징에 따라 속씨식물문과 겉씨식물문으로 나뉘는데 밑씨가 밖으로 드러나 있는 식물을 '겉씨식물(나자식물문이라고 함)'이라 하고 밑씨가 씨방 속에 들어 있는 '속씨식물(피자 혹은 현화식물문이라고 함)'이라 한다. 이제, 이 두 가지의 형태에 대해 살펴보자.

말로우

금어초

· 계: 식물계　　　　　　　　· 목: 아욱목
· 문: 현화식물문(속씨식물문)　· 과: 아욱과
· 강: 쌍떡잎식물강　　　　　· 속: 아욱속

· 계: 식물계　　　　　　　　· 목: 통화식물목
· 문: 현화식물문(속씨식물문)　· 과: 현삼과
· 강: 쌍떡잎식물강　　　　　· 속: 금어초속

속씨식물과 겉씨식물의 차이

식물은 밑씨가 씨방 속에 있는지, 겉에 있는지에 따라 겉씨식물과 속씨식물로 구분한다. 히비스커스(본문 118쪽)를 통해 속씨식물을, 향나무(본문 230쪽)를 통해 겉씨식물을 알아보자!

🌿 **속씨식물이란?** 꽃과 열매가 있는 식물 중 밑씨가 씨방 속에 들어 있는 식물로서 오늘날 전체 식물의 약 90퍼센트를 차지한다.

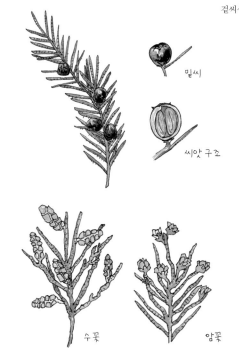

밑씨

씨앗 구조

〈속씨식물의 수정 과정〉

1 · 꽃이 성숙해지면 수술이 암술과 만나는 꽃가루받이 과정이 일어난다.

2 · 수술에 있는 꽃가루가 암술관을 통해 안으로 들어가 수정을 하게 되는데 이때 알주머니 세포와 결합하는 중복수정(만나고 결합을 통한 두 번의 수정 과정)을 통해 작은 씨방이 만들어지기 시작한다.

3 · 꽃이 떨어지면 밑씨가 급속도로 자라기 시작하고 씨앗들을 보호하기 위해 껍질이 두꺼워지면서 열매가 커지기 시작한다. 씨방 안에서는 새로운 생명들이 아름답게 여물어간다.

수꽃　　암꽃

🌿 **겉씨식물이란?** 밑씨가 씨방 속에 들어 있지 않고 밖으로 드러나 있는 식물을 말하며 꽃에 꽃받침과 꽃잎이 없다. 겉씨식물의 대부분은 암꽃과 수꽃이 따로 피는 단성화가 많고 주로 바람에 의해 수정이 이루어진다. (암술과 수술이 한꽃에서 피는 식물을 양성화라고 한다.)

속씨식물

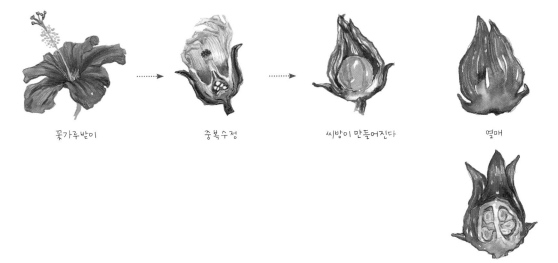

꽃가루받이　　중복수정　　씨방이 만들어진다　　열매

속씨식물 단면

자웅동주 vs 자웅이주

❦ **자웅동주** 암꽃과 수꽃이 한 그루에서 함께 피는 식물을 말한다. 수술을 가진 꽃을 수꽃, 암술을 가진 꽃을 암꽃이라 한다. 하나의 꽃 속에 암술과 수술이 다 들어 있는 '양성화(兩性花)'가 있고, 그림의 베고니아처럼 암꽃과 수꽃이 각각 달리는 '단성화(單性花)'가 있다. 자웅동주는 암꽃과 수꽃이 규칙적으로 생성되어야 열매가 골고루 잘 맺힌다. 그 비율은 환경, 영양 상태 등에 따라 좌우된다. 모든 식물이 그러하듯 꽃이 피면 암술과 수술

이 만나 수정이 이루어지는데 새벽 4~6시가 가장 수정이 잘 이루어지는 시간이라 볼 수 있다.

❦ **자웅이주** 암꽃과 수꽃이 다른 그루에서 피는 식물을 말한다. '자웅별주', '자웅이체(암수딴그루)'라고 하며 암꽃이 피는 식물을 암그루, 수꽃이 피는 그루를 수그루라고 한다(예: 홉, 향나무 등).

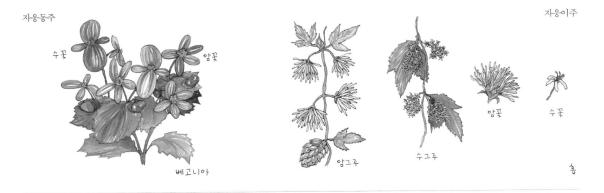

자웅동주 · 수꽃 · 암꽃 · 베고니아

자웅이주 · 암그루 · 수그루 · 암꽃 · 수꽃 · 홉

쌍떡잎식물과 외떡잎식물의 차이

각 문(Phylum)은 그 식물분류의 특징들에 따라 '강(Class)'으로 나뉜다. 그중 속씨식물에서 분류된 '쌍떡잎식물'과 '외떡잎식물'은 떡잎의 개수에 따른 분류로, 떡잎의 수가 두 개일 경우 쌍떡잎, 한 개일 경우 외떡잎이라 말한다. 이들은 여러 가지 다른 특징을 가지고 있다.

❦ **쌍떡잎식물이란?** 씨앗이 발아되어 처음으로 나오는 떡잎이 두 장인 식물을 말하며 잎이 넓고 그물맥으로 되어 있다. 꽃잎의 수가 4나 5의 배수이며 줄기 속에 관다발이 규칙적으로 배열되고 형성층이 있어 부피생장을 한다. 뿌리는 원뿌리 주위로 곁뿌리가 발달되어 있다.

❦ **외떡잎식물이란?** 씨앗이 발아되어 처음으로 나오는 떡잎이 한 장인 식물을 말하며 잎이 길고 나란히 맥으로 되어 있다. 레몬그라스, 아이리스, 마늘, 튤립 등이 있

다. 외떡잎식물은 쌍떡잎식물보다는 수가 적다. 꽃잎이 없거나 꽃잎의 수가 3의 배수이다. 줄기 속에 관다발이 불규칙적으로 흩어져 배열되어 있고 형성층이 없어 부피생장을 못한다. 뿌리는 수염뿌리로 발달되어 있다.

강(Class)은 또 각 식물의 꽃차례나 생식방법 등에 따라 목(Order), 과(Family), 속(Genus)으로 분류된다. 앞에서 예를 든 말로우는 아욱목이다. 이 책의 본문에 소개된 목화와 히비스커스도 아욱목으로 한 집안이다. 이 식물들의 특징은 한 개의 꽃에 수술과 암술이 함께 들어 있는 양성화이며 암꽃과 수꽃이 한 그루에서 함께 피는 자웅동주다. 꽃들이 꽃대 아래에서 위로 피어 올라가는 무한꽃차례이고, 긴 꽃대에 꽃자루가 있는 여러 개의 꽃이 서로 어긋나게 피어 올라가는 배열을 가진 총상꽃차례다. 이제 식물 꽃차례에 대해 간단히 알아보자.

꽃차례로 허브 구분하기

'꽃차례'는 꽃대에 꽃이 피어난 배열이나 모양을 말한다. 다음의 일곱 가지 외에도 꽃차례의 종류는 많지만, 이 책에서 소개한 허브를 중심으로 정리해보았다.

① **수상꽃차례** 긴 꽃대 축으로 작은 꽃자루가 없는 꽃이 조밀하게 달린 꽃차례를 말한다. 라벤더, 민트류, 오레가노, 마조람, 타임 등의 꿀풀과 식물이 여기에 속한다.

② **총상꽃차례** 긴 꽃대 축으로 꽃자루가 있는 여러 개의 꽃들이 어긋나게 길게 붙어서 피는 꽃차례를 말한다. 금어초, 재스민, 말로우가 여기에 속한다.

③ **산형꽃차례** 꽃들이 모여 우산 모양으로 둥글게 핀 꽃차례를 말한다. 같은 크기의 꽃들이 중심축과 중심점을 기점으로 방사형 모양으로 피어난다. 고수, 러비지, 안젤리카, 셀러리, 두릅 등 미나리과 식물이 여기에 속한다.

④ **산방꽃차례** 중심 꽃대 축을 기준으로 꽃대가 나와 작은 꽃자루가 달린 꽃들이 위에 편평하게 피어난다. 밑에 있는 꽃대가 가장 길며 위로 올라갈수록 짧아진다. 아게라툼, 야로우가 여기에 속한다.

⑤ **원추꽃차례** 중심 꽃대 축을 기준으로 몇 개의 꽃대가 나와 고깔 모양으로 꽃들이 사방으로 피어나는 꽃차례를 말한다. 쏘렐, 레몬버베나가 여기에 속한다.

⑥ **취산꽃차례** 꽃 밑에서 또 작은 꽃자루가 달린 꽃이 한 송이씩 달리는 꽃차례를 말한다. 아래에서 위로 피는 '무한꽃차례'와 달리 위에서 아래로 피기 때문에 '유한꽃차례'라고 부른다. 히말라야양귀비가 여기에 속한다.

⑦ **두상꽃차례** 관상화 위주로 설상화가 피어난 꽃차례로 두 가지의 꽃이 한 송이에 붙어 한 꽃처럼 보인다. 에키나세아, 해바라기, 백일홍, 달리아가 여기에 속한다.

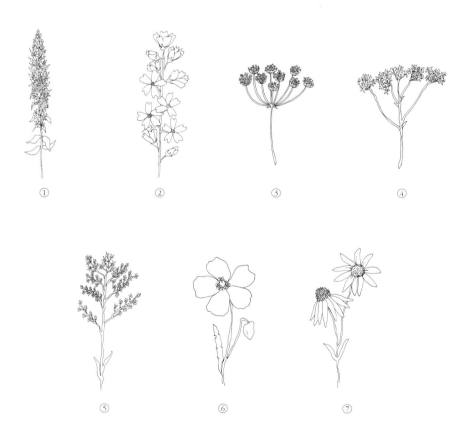

"허브가 왜 이렇게 자꾸 죽나요?" 농장을 찾는 분들에게 가장 많이 듣는 말이다. 물론 나 역시 시행착오를 겪으며 노하우를 익히기 전까지 많이 되새겼던 말이다. 허브의 종류는 참 다양하다. 국내에서 키울 수 있는 허브도 있고 없는 허브도 있다. 고산지에서 자라는 허브가 있는가 하면 야생에서만 자라는 허브도 있고, 산이나 절벽에서 자라는 허브, 강과 들에서 자라는 허브도 있다. 또 어떤 허브는 화분에서 잘 자라지만 정원에서만 키워야 하는 허브도 있다. 허브는 종류도 다양하지만 재배 방법도 다양하고 다르기 때문에 각 허브의 특성들을 제대로 알고 그에 맞게 키워나가는 것이 중요하다. 작은 걸음부터 그렇게 시작하다 보면 허브를 죽이지 않고 잘 기를 수 있을 것이다. 다음에서는 허브를 키우는 데 도움이 될 만한 가장 대표적이고 기본적인 상식들을 살펴보기로 한다. 각 허브들의 세부 정보는 본문의 팁을 참조하길 바란다.

허브를 키우는 방법

허브를 처음 키우는 초보자라면 씨앗보다는 허브 모종을 구입하여 분갈이를 해가며 키우는 방법을 권한다.

건강한 모종을 선택해보자

잎의 앞면과 뒷면, 줄기를 꼼꼼히 확인하자. 잎과 줄기가 누렇거나 시들지는 않았는지 병충해가 있지는 않은지를 확인한다. 또한 식물마다 차이는 있지만 마디와 마디 사이가 짧은 모종이 좋다. 웃자람이 심한 식물은 일조량이 부족한 것(햇빛을 충분이 안 준 것)이기 때문에 영양 상태가 좋지 않은 식물이다. 또한 줄기는 어느 정도 굵기가 있어야 한다.

구입한 모종을 잘 키워보자

구입한 모종은 새로운 환경에 적응이 필요하다. 흙의 건조한 정도에 따라 다르지만 구입한 지 4~5일 뒤에 물을 준다. 구입 전 겉흙 상태를 손으로 만져 체크해보는 것이 좋다. 통풍이 잘되고 햇빛과 그늘이 적절하게 있는 곳에 두고 매일 아침 잘 있는지 확인하자. 물은 이른 아침에 주는 것이 좋다.

허브 모종 분갈이하기

모종을 분갈이하기 전 새로운 환경에 며칠 정도 적응시키는 것이 좋다. 화분 밑 구멍으로 뿌리가 어느 정도 나온 상태라면 바로 분갈이를 해주는 것이 좋고, 뿌리가 아직 화분 밖으로 보이지 않는다면 모종을 그대로 좀 더 키운

다음 화분으로 옮겨주자.

1 · 모종이 들어 있는 화분의 밑부분을 손으로 주물럭주물럭하면 화분과 흙이 분리된다.
2 · 허브 줄기와 뿌리가 분리되지 않게 한손으로는 식물 지상부 밑단을 잡고 다른 한손으로는 화분 바닥 구멍에 손가락을 넣어 뿌리를 잘 밀어내면서 모종을 조심스럽게 꺼낸다.
3 · 딱딱해진 흙과 뿌리를 잘 털어내고 죽은 뿌리는 가위로 제거해준다. 이때 건강한 뿌리에 상처가 나지 않게 주의한다.
4 · 옮겨 심을 위치에 먼저 물을 충분히 주어 흙을 촉촉하게 만든 다음, 허브 모종을 잘 올려놓는다.
5 · 뿌리가 보이지 않게 모종 주위로 흙을 채워 넣어준다.
6 · 뿌리 주변을 손으로 가볍게 누른 후 화분을 땅에 툭툭 털어 모종을 새로운 흙과 화분에 잘 정착시킨다.
7 · 물뿌리개로 물을 주고 경과를 지켜본다.

경우에 따라 흙 위에 마사토를 깔아주거나 원예 시장에서 구입한 악세서리를 올려주면 허브와 화분이 더 돋보이게 꾸며줄 수 있다. 물을 줄 때는 화분 구멍 밑으로 물이 흘러나올 정도로 듬뿍 주는 것이 좋다. 이름표를 꽂아두고 바람이 너무 세지 않으며 통풍이 좋은 반양지에서 놓고 일주일 정도 잘 지켜본다.

보리지나 히비스커스처럼 뿌리가 깊게 내리는 허브는 처

허브를 키울 때 필요한 도구들

모종   모종삽   분갈이화분   가위   그물망   온도계

물뿌리개   이름표   분갈이 배양토   상토   마사토

음부터 깊은 화분에 심어주는 것이 좋고, 세이지나 민트류처럼 뿌리가 낮게 내리는 허브는 넓고 낮은 화분에 심는 것이 적당하다. 화분은 토기 화분같이 통기성이 좋은 재질로 선택하는 것이 허브를 잘 키울 수 있는 또 한 가지 방법이다.

상토와 배양토의 차이

· 배양토: 식물이 성장하기 적합한 흙이다. 부엽토, 모래, 퇴비, 펄라이트 등을 적절한 비율로 섞어 만든 것으로 비료분이 풍부하고 통기성과 보수력이 있고 병해충가 없다.
· 상토: 파종이나 꺾꽂이하기 가장 좋은 상태의 흙이다. 씨앗이 발아하려면 거름 성분이 있는 토양보다 보습력이 좋아야 하기 때문에 그 조건을 충족하는 흙이다.

허브 번식시키는 방법

허브를 번식시키는 방법은 '씨앗 파종'과 '꺾꽂이'가 있다.

씨앗 파종하기

종류마다 차이가 있지만 대부분의 한해살이 식물(수명이 1년인 식물)은 씨앗으로 번식시키는 방법을 사용한다.
· 씨앗으로 파종하는 허브: 목화, 캐모마일, 피버퓨, 고수, 물냉이, 백묘국, 야로우, 러비지, 세인트존스워트, 홍화, 해바라기, 딜, 달맞이꽃, 한련화, 임파첸스, 란타나, 맨드라미, 매리골드, 토레니아, 에키나세아. 베고니아, 패랭이, 백일홍, 히비스커스, 소렐, 금어초, 셀러리, 루꼴라, 쑥, 바질, 파슬리, 홉, 아티초크, 고추냉이, 사탕수수, 펜넬, 보리지, 수레국화, 데이지, 니겔라, 히말라야양귀비, 아게라툼, 아이리스, 도라지, 차이브, 허하운드, 밀크시슬, 히솝, 세이지, 콜레우스, 펠라르고늄, 팬지, 달리아, 레몬밤.

씨앗 파종하는 방법

〈씨앗이 클 경우〉

1 · 화분에 상토를 3/4 정도 넣는다.
2 · 상토 가운데를 나무젓가락으로 깊이가 2~3센티미터 정도 되게 살짝 구멍을 내준다.
3 · 그 안에 씨앗을 넣는다(씨앗을 두 개 이상 함께 파종하려면 각각 20센티미터 정도 간격을 띄운 후 넣어준다).
4 · 구멍을 다시 흙으로 덮어주고 물을 듬뿍 뿌려준다(이때 흙이 움푹 패이지 않을 정도로 조심스럽게 준다).
5 · 반음지에 두고 싹이 틀 때까지 흙 표면이 마르지 않도록 계속 관리해준다.

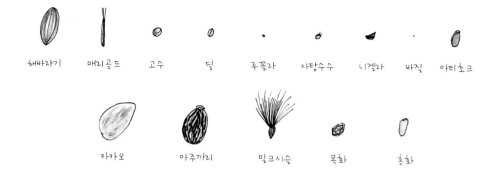

다양한 모양과 크기의 씨앗들

해바라기　매리골드　고수　딜　주꼴라　샤탕수수　니겔라　바질　아티쵸크

카카오　아주까리　밀크시슬　목화　홍화

〈씨앗이 작을 경우〉

1 · 화분에 상토를 2/3 정도 넣는다.

2 · 상토 위에 씨앗을 2~3개 정도 균일하게 흩어 뿌린다.

3 · 씨앗이 보이지 않을 정도로 가볍게 흙을 덮어준다.

4 · 물을 듬뿍 뿌려주되 흙이 움푹 패이지 않을 정도로 멀리서 조심스럽게 준다.

5 · 반음지에 두고 싹이 틀 때까지 흙 표면이 마르지 않도록 계속 관리해준다.

씨앗 파종하는 시기

씨앗은 보통 날씨가 서늘한 봄과 가을에 뿌리는 것이 좋다. 날씨가 더우면 발아가 잘되지 않기 때문이다. 씨앗을 뿌리는 시기에 따라 '춘파초', '추파초'로 나눈다. 봄에 씨앗을 뿌리는 식물은 춘파초, 가을에 씨앗을 뿌리는 식물은 추파초라고 한다.

〈춘파초 식물〉

추위는 잘 견디지는 못하지만 고온에는 강해 봄에 씨앗을 뿌리는 식물을 말한다. 보통 3~5월에 씨앗을 파종하는데 허브 종류에 따라 다르지만 늦봄부터 가을까지 꽃을 즐길 수 있다. 히비스커스, 수레국화, 에키나세아, 해바라기, 콜레우스, 맨드라미, 아이리스, 한련화, 세이지, 백일홍, 아게라툼, 램즈이어 등의 허브가 이에 속한다.

〈추파초 식물〉

고온에는 약하지만 추위를 잘 견디는 식물이다. 씨앗이 어느 정도 추위를 견디는 기간이 있어야 발아가 잘되고 낮의 길이가 짧은 이른 봄부터 늦봄까지 꽃을 볼 수 있다. 9~10월에 씨앗을 뿌리며 이른 봄 싹이 트고 꽃이 핀다. 패랭이, 팬지, 오미자, 금어초, 레몬버베나, 데이지, 양귀비 등의 허브가 이에 속한다.

〈춘추초 식물〉

바질, 딜, 캐모마일, 고수, 파슬리, 루꼴라, 셀러리, 매리골드, 타임, 로즈마리처럼 봄, 가을 모두 씨앗을 뿌릴 수 있는 춘추초 식물도 있다.

(보통 씨앗을 사면 포장 봉지에 파종하는 시기와 식물의 크기, 꽃 피는 시기 등의 특징들이 표기가 되어 있으니 참고하길 바란다.)

꺾꽂이(삽목)하기

종류마다 차이가 있지만 대부분 여러해살이 식물(수명이 두해살이 이상)이 꺾꽂이로 번식할 수 있다.

· 꺾꽂이로 번식할 수 있는 허브: 스테비아, 오레가노, 타임, 민트, 세이지, 로즈마리, 라벤더, 레몬버베나, 로즈 제라늄, 알로에, 두릅, 레몬밤, 마조람, 베고니아, 제라늄, 국화과 식물, 꿀풀과 식물.

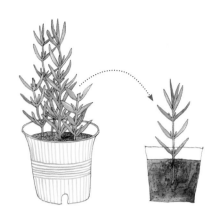

꺾꽂이로 번식하는 방법

꺾꽂이는 허브의 성장 속도가 빠른 봄, 가을에 해주는 것이 좋다.

1 · 싱싱한 줄기의 잎과 잎 사이의 마디 부분을 5~10센티미터 정도 크기로 자른다(대략 서너 마디 정도 잘라주는 것이 적당하다).
2 · 자른 줄기를 반나절 동안 물에 담가 식물이 물을 충분히 빨아들이게 한다.
3 · 화분에 상토를 담고 줄기를 하나씩 꽂는다(잎이 자라는 부분을 생장점이라고 하는데, 이 부분이 흙 속에 충분히 잠기도록 넣어주는 것이 핵심이다). 줄기 밑부분에 잎이 많이 달렸다면 가위로 제거해준 뒤 흙 속에 넣어준다.
3 · 꺾꽂이를 한 뒤 화분에 물뿌리개로 물을 충분히 주고 반음지에 일주일 정도 놓아둔다.
4 · 일주일 뒤 식물을 햇빛으로 옮기고 새로운 잎이 나올 때까지 지켜보며 흙이 건조해지지 않게 촉촉한 상태를 유지시켜준다.

꺾꽂이한 식물이 만약 시들었다면, 흙이 건조해지지 않도록 물을 충분히 주면서 파릇파릇 돋아나는 그윽한 향 내음을 맡을 수 있을 때까지 한 달 정도만 인내심을 가지고 기다려보자.

⚘ 포기 나누기

어떤 허브는 뿌리 포기를 나누어 번식시킨다. 1년 이상 성장한 건강한 식물을 선택하는 것이 좋다.

· 포기를 나누어 번식하는 허브: 애플민트, 스피어민트, 페퍼민트, 타임, 오레가노, 레몬그라스, 히숍, 차이브, 피버퓨, 세인트존스워트, 베고니아, 구기자, 홉, 블루데이지, 두메부추, 램즈이어, 두릅.

포기 나누기 방법

1 · 식물의 중앙을 손으로 잡아 둘로 분리시킨다. 뿌리가 너무 엉켜 나누기가 힘들 때는 가위를 사용한다.
2 · 나눈 허브를 각각 새로운 화분에 심고 흙을 채워준다.
3 · 손가락으로 허브를 눌러 잘 정착시키고 물을 듬뿍 준다.
4 · 반음지에 두고 며칠간 지켜보고 허브가 갑자기 말라 죽어갈 경우에는 식물의 지상부를 가위로 다 잘라주고 경과를 지켜본다.
5 · 흙은 자갈을 넣어 물 빠짐을 좋게 하고 물을 자주 주기보다는 흙이 완전히 마른 후에 충분히 주는 것이 좋다.

⚘ 알뿌리로 번식시키는 방법

튤립, 달리아, 강황, 인삼, 황기, 마늘, 지황, 백수오는 지하부에 있는 영양기관으로 번식하는데 이 영양기관을 알뿌리라고 한다.

허브를 잘 관리하기

내가 좋아하고 키워보고 싶다고 해서 모든 허브를 키울 수 있는 것은 아니다. 각 허브마다 자라는 자생지 환경 조건이 다르기 때문이다. 따라서 각각의 허브가 좋아하는 환경과 특성을 이해하는 것이 무엇보다 중요하다. 물론 그에 앞서, 어떤 허브를 키우더라도 일반적으로 지켜줘야 하는 원칙이 있다. 다음에서 그 원칙들을 함께 살펴보자.

물 관리 사실 허브가 죽는 가장 큰 이유는 물을 너무 많이 주기 때문이다. 허브는 흙의 겉표면이 하얗게 말랐을 때 화분 밑바닥으로 물이 흘러나올 때까지 듬뿍 주는 것이 좋다. 계절마다 건조한 정도가 다르고 허브의 종류에 따라 물을 좋아하는 특징들이 다르니 수시로 체크해 주어야 한다. 물을 너무 많이 주면 뿌리가 썩으므로 주의하자. 꺾꽂이나 씨앗을 심었을 때는 흙에 물이 마르지 않게 매일 주는 것이 좋지만, 어느 정도 뿌리가 안착되어 크게 되면 흙이 완전히 말랐을 때 한 번씩만 물을 주어야 한다. 참고로, 타임이나 로즈마리, 라벤더, 바질은 건조한 상태를 좋아하고 습한 것을 싫어한다. 따라서 자생지의 환경을 이해하고 여러 번 키우기를 반복하여 허브와 친숙해져보길 권한다.

허브를 키우는 장소 허브는 일반적으로 햇살과 통풍을 좋아한다. 허브의 종류에 따라 차이가 있지만 직사광선이 너무 많이 내리쬐는 곳이면 잎 색깔이 변하고 칼슘을 잘 섭취하지 못하는 현상이 발생하기도 한다. 따라서 태양의 움직임에 따라 햇빛과 그늘이 적절하게 들어오는 곳이 좋다. 특히 햇빛이 강하지 않은 오전에 햇볕을 듬뿍 받을 수 있는 곳이 적당하다. 대부분 허브는 한여름을 제외하고는 직사광선에 놓아도 무리가 없다(햇살이 너무 강한 여름에는 반음지로 옮겨주자). 허브에게 통풍은 매우 중요하다. 통풍이 안 되면 병해충이나 곰팡이가 필 가능성이 높기 때문이다. 따라서 햇볕이 잘 들어오고 바람이 잘 통하는 베란다에 놓고 키우는 것을 권하는 바이다.

허브가 가장 예민해하는 장마와 한여름, 겨울을 잘 버티려면 장마와 한여름의 고온 다습한 환경에서 허브는 특히 예민하다. 이 시기에는 허브를 실내로 옮겨주거나 잘 관찰하고 있다가 썩은 부위가 생기면 바로바로 잘라줘야 한다. 추운 겨울을 나지 못하는 허브는 가을철 서리가 내리기 전 실내의 밝은 장소로 옮겨 관리한다. 허브의 특징에 따라 실내에 옮길 장소를 미리 생각해두는 것도 좋은 방법이다. 또한 월동이 가능한 여러해살이 허브를 정원에 심을 경우에는 장마 전후로 줄기를 싹둑 잘라주는 것이 좋으며, 겨울에는 볏짚이나 비닐로 덮어 보온해준다. 2~3년이 지나면 줄기의 속 부분이 썩는 경우가 발생하기도 하는데 썩기 시작하면 썩은 부분을 모두 잘라주어 새순이 나기를 기다려보자. 장마철이 되기 전에 무성한 잎을 가지치기해주는 것도 하나의 방법이다. 장마 후 무더운 여름이 오기 전 반음지로 옮기거나 차광막을 내려 강한 직사광선을 피하게 해주자.

허브의 지상부는
밑단을 짧게 잘라준다.

거름 주는 방법 기본적으로 연 1~2회의 밑거름(완효성 비료를 흙에 섞어주는 것으로 분갈이를 할 때 많이 사용)과 웃거름(성장기나 수확기 전에 주는 비료)을 주는 것이 적당하다. 한여름과 겨울에는 비료 주는 것을 가급적 피한다. 비료 주기는 허브에 따라 다르므로 품종에 따른 특징을 파악하는 것이 중요하다.

비료 안에는 많은 성분들이 들어 있지만 여기서는 식물에 없어서는 안 될 비료의 3요소를 알아보자. 비료의 3요소는 질소(N), 인산(P), 칼륨(K)이다. 비료를 구매할 때는

N, P, K의 비율을 체크한 후 내가 키울 식물이 필요로 하는 비료를 선택하는 것이 좋다.

질소(N): 허브를 키울 때 가장 많이 요구되는 성분으로 잎의 건강한 광합성을 도와 신선한 잎과 줄기의 생장을 왕성하게 하며 개화 수도 늘리게 한다.

인산(P): 꽃과 열매, 뿌리에 많은 영향을 끼치는 성분으로 세포를 강화하여 뿌리를 튼튼하게 한다.

칼륨(K): 내한성, 내병충성 등 내부 조직을 튼튼하게 해주어 건강한 성장을 돕는 역할을 한다.

허브를 수확하는 방법

허브는 잎만 하나하나 뜯어 사용하는 것보다 줄기를 잘라서 사용하는 것이 좋다. 윗부분의 어린 줄기를 사용할 만큼만 가위로 자른다. 줄기째 잘라 사용하면 수확 후 잎 사이로 새순이 양 갈래로 나와 더욱 울창하게 우거지기 때문에 관상용으로 모양도 좋고 사용할 때도 편리하다. 허브의 수확 시기는 종류마다 다르지만 부위에 따라 다음 지침을 참고할 수 있다.

❧ **잎을 수확하는 시기** 봄부터 장마가 오기 전까지, 그리고 무더운 여름이 지나간 가을이 적기다. 이 시기는 허브가 자라기 가장 좋은 환경 조건인데, 이때 잎의 상태가 가장 신선하고 튼튼하며 향이 진하다.

❧ **꽃을 수확하는 시기** 꽃이 활짝 피기 직전이 가장 좋다. 꽃이 너무 활짝 피면 꽃잎이 금방 시들기 때문이다. 꽃이 활짝 피기 직전이 꽃잎의 상태가 신선하고 향기롭다.

❧ **뿌리를 수확하는 시기** 잎과 줄기가 마르기 시작하면 수확하는 것이 적당하다.

❧ **씨앗을 수확하는 시기** 꽃이 지기 시작하면 물 주기를 멈춘다. 그러면 모든 영양분이 씨앗으로 가기 시작해서 줄기와 잎이 죽은 것처럼 마르고 열매나 씨앗이 짙은색으로 잘 여물게 된다. 이때가 바로 수확하는 시기다. 수확한 씨앗은 통풍이 잘되는 그늘에서 며칠간 충분히 건조시킨다. 이때 씨앗끼리 곰팡이가 슬지 않도록 서로 충분한 간격을 주는 것이 좋다.

윗부분의 어린 줄기 한두 마디만 가위로 잘라 사용한다.

키가 큰 허브는 지지대를 세워주는 것이 좋다.

꽃은 활짝 피기 직전이 가장 좋다.

허브를 수확한 후에도 잎 사이로 새순이 양 갈래로 나온다.

허브티를 잘 마시는 방법

허브를 차로 마시게 되면 허브에 들어 있는 몸에 좋은 성분들이 물에 우러나게 되는데 이는 허브를 먹는 가장 흔하지만 기본적인 훌륭한 방법이라 할 수 있다. 허브티를 만들어 마실 때에는 다음 사항들을 기억해두면 좋다.

· 허브를 직접 말려 허브티로 사용하려면 가장 건강한 잎을 수확해서 사용하는 것이 좋다. 최상의 허브를 수확한 후 향기와 좋은 성분이 날아가지 않게 잘 건조시키는데 바람이 잘 통하며 습기가 없고 서늘한 그늘에서 말리는 것이 좋다. 말린 후에는 공기가 들어가지 않는 밀폐된 유리용기에 넣고 직사광선을 피해 보관하는 방법이 적당하다. 건조시킨 허브는 1년 내에 가급적 다 먹기를 권한다. 시중에 파는 허브티를 구입해 사용할 때도 이점을 유념하자.

· 뜨거운 물을 부어 허브티를 만들 때는 허브의 유효 성분이 손실되는 것을 막기 위해 뚜껑을 덮고 허브가 우러나는 시간만큼 기다렸다가 마시는 것이 좋다.

· 허브티는 너무 진하게 마시는 것보다 살짝 연하게 마시는 것이 좋다.

· 허브티를 마시기 전 각 허브들의 효능을 알면 좋다. 예를 들어 임신 중이거나 수유기간 혹은 특정한 질환을 앓고 있다면 내가 마시는 허브가 어떤 작용을 하는지 꼭 알 필요성이 있다.

허브마다 가지고 있는 독특한 맛을 음미하여 그 매력에 빠져보길 바란다. 간혹 허브티의 맛이 너무 쓸 때는 인디언들이 마테차를 먹었던 방법으로 스테비아를 몇 잎을 넣어보자. 칼로리가 없는 천연감미료인 스테비아는 설탕 대신 사용하면 당뇨에도 효과가 좋다. 또한 허브는 그 맛도 매력적이지만, 각기 다른 빛깔로 우리에게 시각적인 즐거움을 선사한다.

· **말로우** 말로우를 끓는 물에 넣으면 맑은 청색빛으로 허브티 색깔이 변한다. 여기에 레몬을 1~2방울 넣으면 분홍빛으로 변하는데, 이는 소금기 가득한 바닷가 근처에서 자라는 말로우가 생육 특성상 알카리성이기 때문이다. 여기에 다시 소다를 넣으면 밝은 청색으로 변하고, 이것을 그대로 두면 시간이 흐르면서 공기 중의 산소와 반응하며 점점 보라색으로 변한다.

· **캐모마일** 향긋한 꽃향기가 매력적인 허브로 캐모마일 꽃은 밤에는 꽃을 오므렸다가 아침에 다시 피기 시작하는데, 꽃이 활짝 핀 낮 12시경에 수확하는 것이 가장 향기가 좋다.

· **루이보스** 루이보스는 뜨거운 햇볕 아래서 완전히 건조되어 아름다운 황갈색을 띠는 것이 가장 좋다. 독특한 풍미와 은은한 단맛이 일품인 루이보스 차에는 카페인과 타닌 함유량도 적어 다른 허브와 블렌딩해도 좋고 우유나 레몬과 함께 섞어 마셔도 좋다.

· **매리골드** 매리골드를 건조하여 뜨거운 물에 넣으면 꽃이 다시 생화처럼 예쁘게 피어난다. 또한 꽃 안에 들어 있는 노란색의 천연색소가 허브티를 아름다운 주황빛으로 물들이는데 이는 시력에도 좋은 효능이 있다.

건강한 허브 식초 만들기

· 식초로 사용하면 좋은 허브: 애플민트, 스피어민트, 페퍼민트, 파인애플세이지, 로즈마리, 타임, 오레가노, 라벤더, 커먼세이지.

1 · 유리병에 허브 10g + 식초 10큰술 + 물 5큰술 + 설탕 7.5작은술 + 정제소금 2.5작은술을 넣고 2~3시간 숙성시킨다.
2 · 숙성된 허브 식초를 믹서에 갈아 샐러드에 뿌려 먹는다.

히비스커스 로젤 먹는 법

1 · 서리가 내리기 전 히비스커스 줄기에 붙어 있는 빨간 열매들을 모두 수확한다.
2 · 소쿠리에 담아 흐르는 물에 깨끗이 씻은 후 열매 받침 부분을 칼로 잘라 안에 들어 있는 동그란 씨방을 제거한다. 히비스커스는 씨앗이 들어 있는 씨방을 제거한 껍질을 먹는다.

3 · 이 빨간 껍질을 잘게 잘라 뜨거운 물에 우려내면 크랜베리 주스처럼 상큼한 빨간빛 로젤 차를 즐길 수 있다. 기호에 맞게 설탕을 첨가한다.

로젤 열매는 생으로 먹는 것이 가장 신선하고 맛있는데 오래 보관하여 먹기를 원하는 경우 설탕과 1:1의 비율로 히비스커스 청을 만들어서 냉장고에 보관한다. 허브티와 허브청 외에도 잼이나 각종 디저트 등에 넣어 사용할 수 있다.

허브 술 만들어 먹기

고대에 귀족들은 술에 꽃을 넣어 마셨다. 와인 같은 술에 향기로운 꽃을 넣으면 기분이 좋아지는 효과가 있을뿐더러 보리지 꽃처럼 천연색소가 들어 있는 경우 술의 색깔을 변하게 하는 매력도 있다. 보리지 꽃은 파란색 식용 색소가 들어 있어 술 색깔을 푸른빛으로 변하게 한다. 화이트와인에 보리지 꽃을 넣어보자. 색다른 분위기를 연출할 수 있다.

· 그 밖에 술에 넣어먹으면 좋은 허브: 로즈제라늄 꽃, 패랭이, 체리세이지, 매리골드, 수레국화, 데이지, 니겔라, 팬지.

허브 얼음 만들기

허브를 얼음에 넣어 얼려 사용하면 보관도 용이하고 음료나 칵테일 등에 멋을 더할 수 있다. 사용하고 남은 허브를 잘게 잘라서 혹은 그대로 각 얼음판에 하나씩 넣고 물을 부은 후 냉장고에 넣고 얼린다. 이때 비올라나 보리지 같은 작은 꽃을 그대로 사용하면 꽃 자체의 모양이 얼음 속으로 보여 더욱 아름답다.

· 허브 얼음으로 사용하면 좋은 허브: 보리지 꽃, 비올라, 체리세이지 꽃, 캐모마일, 니겔라, 데이지, 타임, 오레가노.

허브 방향제 만들기

허브가 너무 자랐다면 줄기를 가위로 잘라 가지치기를 해주는 것이 좋다. 이때 사용하고 허브가 남았다면 건조시켜 허브 방향제로 사용해보자. 향기가 좋은 허브를 건조시키면 자연 그대로의 은은한 향이 나기 때문에 천연허브 방향제로 사용할 수 있다.

1 · 허브의 잎은 꽃이 피기 전에 수확하는 것이 가장 향기가 좋으며, 아침에 수확하는 것이 가장 신선하다.
2 · 수분 함량이 적은 허브는 다발로 묶어 통풍이 잘되는

그늘에서 말려주는 것이 좋다(수분을 적게 가지고 있는 허브: 오레가노, 마조람, 타임, 세이지, 레몬버베나, 로즈마리, 라벤더). 이때 허브의 상태를 주기적으로 살펴 곰팡이의 발생 유무를 확인한다.

3 · 수분 함량이 많은 허브는 건조망이나 채반에 담아 건조시키는 것이 좋다. 또 하나의 간편한 방법은 오븐을 이용하는 것. 오븐을 가장 낮은 온도로 맞추고 허브의 수분이 다 빠져 바짝 마를 때까지 말린다.
4 · 건조한 허브를 망사주머니에 넣고 베개 속, 실내, 차 안 등에 걸어놓아 사용하면 된다.

부케 가르니 만들기

부케 가르니(Bouquet garni)는 프랑스에서 요리의 풍미제로 사용했던 것으로 육류나 생선의 비릿내를 제거해줄 뿐만 아니라 살균 작용까지 해준다. 부케 가르니를 만드는 법은 간편하고 시간이 많이 걸리지 않아 요리하기 전 쉽게 만들어 사용해볼 수 있다.
· 준비물: 대파, 월계수, 타임, 파슬리

대파를 반으로 잘라 그 안에 월계수, 타임, 파슬리 잎을 넣고 실로 돌돌 말아 묶어 고정시킨다. 요리에 따라 육수를 내거나 하는 등으로 사용한다. 요리의 성격에 따라 통후추, 정향 등을 첨가해도 좋다.

허브 오일로 추출하기

세인트존스워트처럼 에센셜 오일 성분이 많이 함유된 허브는 집에서 직접 오일을 추출하여 사용해볼 수 있다.

1 · 6~8월에 꽃이 피는 세인트존스워트의 꽃을 활짝 피기 직전에 수확하여 그늘에 말린다.
2 · 말린 꽃을 유리병에 가득 채우고 꽃이 완전히 잠기도록 올리브 오일을 가득 붓는다.
3 · 2~3주 동안 햇빛에 놓아두었다가 오일만 걸러내어

밀폐용기에 담는다.
4 · 이 오일을 어두운 곳에서 1년간 보관하는데 이 기간 동안 오일을 햇빛에 노출시키면 색깔이 검붉게 변하니 꼭 주의하자.
5 · 1년간 보관한 오일을 관절 통증, 요통, 상처, 화상, 벌레 물린 곳 등에 발라주면 통증이나 염증이 완화되는 효과가 있다.

허브 가습기 만들기

향긋한 향기로 공기를 정화하고 싶다면 허브를 물에 넣고 끓여서 그 수증기를 마시거나, 식혀서 가습기에 넣은 다음 공기 중 분사하여 사용할 수 있다. 타임과 로즈마리를 사용하면 감기 예방에 좋을 뿐만 아니라 타임을 물에 넣고 끓인 물을 양동이에 붓고 식혀 매일 30분간 족욕을 하면 무좀 증상을 개선하는 데 도움이 된다.

허브를 요리에 넣어 먹기

🌿 **허브 샐러드, 꽃 비빔밥 등 요리에 생잎과 꽃을 올려 사용하거나 생으로 먹는 허브** 물냉이 잎, 팬지 꽃, 보리지 꽃, 바질 잎, 루꼴라 잎, 파슬리 잎, 고수 잎, 딜 잎/꽃, 로즈제라늄 꽃, 베고니아 꽃, 토레니아 꽃, 패랭이 꽃, 도라지 꽃, 스테비아 잎, 해바라기 꽃/씨앗, 달맞이 꽃, 한련화 잎/꽃, 임파첸스 꽃, 알로에 잎, 매리골드 꽃, 말로우 꽃, 소렐 잎, 파인애플세이지 잎/꽃, 금어초 꽃, 시계초 꽃/열매, 셀러리 잎/줄기, 명이나물 잎, 고추냉이 뿌리/잎/꽃, 사탕수수 줄기, 보리지 꽃, 수레국화 꽃, 데이지 꽃, 마조람 잎.

🌿 **고기나 다른 요리와 궁합이 잘 어울리는 허브** 커먼세이지 잎, 딜 잎/줄기, 안젤리카 뿌리/잎/줄기/꽃, 홉 잎/열매, 아티초크 꽃봉오리, 고추냉이 잎, 두릅 새순, 마늘 뿌리, 펜넬 뿌리/잎, 차이브 잎, 로즈마리 잎, 레몬머틀 잎, 러비지 잎, 레몬그라스 잎, 타임 잎, 파슬리 뿌리, 셀러리 뿌리.

🌿 **음료나 차로 사용하면 좋은 허브** 애플민트 잎, 캐모마일 꽃, 재스민 꽃, 아이브라이트 잎/꽃, 레몬머틀 잎, 모링가 잎, 루이보스 잎, 매리골드 꽃, 레몬버베나 잎, 히비스커스 열매, 라벤더 꽃, 레몬밤 잎, 페퍼민트 잎, 월계수 잎, 보리지 꽃.

🌿 **향신료로 사용하면 좋은 허브** 오레가노 잎, 타임 잎, 계피, 강황 뿌리, 로즈마리 잎, 커먼세이지 잎, 향나무 잎/열매.

🌿 **약용하면 좋은 허브** 아주까리 씨앗, 피버퓨 꽃/잎/줄기, 허하운드 잎, 히솝 잎, 백수오 뿌리, 튤립 뿌리, 아이리스 뿌리, 쑥 잎, 오미자 열매, 두메부추.

참고문헌

· 다나카 오사무, 『식물은 대단하다』, 남지연 옮김, AK커뮤니케이션즈, 2016.
· 로잘리 드 라 포레, 『허브상식사전』, 이보미 옮김, 길벗, 2018.
· 사사키 가오루, 『처음 시작하는 허브』, 박유미 옮김, 북웨이, 2012.
· 신용욱, 「향약채취월령과 세종의 국가경영」, 세종리더십연구소, 2016.
· 이정식, 『화훼류의 개화생리와 재배법』, 월드사이언스, 2012.
· 정이안, 『자연이 만든 음식재료의 비밀』, 21세기북스, 2011.
· 제갈영, 손현택, 『서양의 약초 허브식물도감』, 지식서관, 2014.
            『우리나라와 전세계의 먹는 꽃 이야기』, 지식서관, 2011.
· 최영전, 『커피보다 쉽게 즐기는 122가지 허브티』, 오성출판사, 2009.
· 한국약용작물학회, 《한국약용작물학회지》, 2004:19(5):484-490.

· Ali B. H., Blunden G., "Pharmacological and toxicological properties of Nigella sativa", *Phytotherapy Research*, Volume17, 2003.
· Benzie, Iris F. F., Wachtel-Galor, S., *Herbal Medicine: Biomolecular and Clinical Aspects*, Second Edition, CRC Press, 2011.
· Gage, A., *The Classic Cocktail Bible*, Spruce, 2012.
· Gerard, John, *The Herball or Generall Historie of Plantes*, 1597.
· Gledhill, D., *The Names of Plants*, Cambridge University Press, 2008.
· Grieve, M., *A Modern Herbal*, Dover, 1971.
· Hildebrand, C., *Herbarium*, Thames & Hudson, 2016.
· Hussain, A., Anwar, F., Nigam, P., Ashraf, M., and Gilani, A., "Seasonal variation in content, chemical composition and antimicrobial and cytotoxic activities of essential oils from four Mentha species". *Journal of the Science of Food and Agriculture*. 2010, 90(11):1827~36.
· Kilic, A., Hafizoglu, H., Kollmannsberger, H. and Nitz, S., "Volatile Constituents and Key Odorants in Leaves, Buds, Flowers, and Fruits of Laurus nobilis L.", *Journal of Agricultural & Food Chemistry*, 2004.
· Lariushin, B., *Apiaceae Family*, Volume 1, 2012.
· Linnaeus, C., *Species Plantarum*: Tomus I, 1753.
· Low Dog, T., Kiefer, D., Foster, S., Tieraona Low Dog, *Medical Herbs*, National Geographic, 2012.
· The Korean Society of Environmental Agriculture, *The journal of the Korean Society of International Agriculture*, Vol.28 No.3, 2016.
· Van Wyk, Ben-Erik and Gericke, Nigel, N., *People's plants: a guide to useful plants of southern Africa*, Briza Publications, Pretoria, 2000.
· Zohary, D. and Hopf, M., *Domestication of Plants in the Old World*, 2012.

박선영

그림 그리는 농부 작가, 원예치료사이자 농업회사법인 주식회사 루아흐 대표. 대학에서 공예/산업디자인을 전공하고 10여 년 동안 그래픽 및 인테리어 디자이너로 일했다. 2002년 수원드로잉전을 시작으로 꾸준히 그룹전, 개인전을 열며 그림작가로 활동하고 있다. 2012년 농장 일을 접하며 허브와 깊은 사랑에 빠졌고 살면서 전혀 꿈꿔보지 않았던 농부의 길로 들어서게 되었다. 하루하루 다른 빛깔, 저마다의 고유한 아름다움으로 반짝이는 허브 식물들의 매력을 글과 그림으로 담아내며 월간농업잡지에 허브 도감을 연재했고, 2017년부터 현재까지 치매노인, 발달장애, 청소년, 어린이를 대상으로 한 원예치료 수업을 진행 중이며, 여러 해 동안 허브 농장을 운영하며 몸소 깨닫고 배운 허브 관련 지식을 바탕으로 관공소와 대학교, 식물원 등에서 허브 재배 기술, 이용방법 노하우 등을 가르치는 허브 강의를 하고 있다. 킨텍스, 올리브, 도시농업, DDP, 비건페어, 비건페스타 등 농업과 비건 관련 다수의 박람회에 참가하며 실생활에서 허브를 좀 더 가깝게 접할 수 있는 다양한 방법들을 전하고 있다. 2020년에는 "허브와 꽃으로 건강한 라이프스타일을 새롭게 디자인하다"라는 비전과 철학이 담긴 농업회사법인 주식회사 루아흐, 채식식품 브랜드인 파머스레시피를 설립하고 환경과 건강을 생각하는 기업 정신을 바탕으로 활발히 소통하며 활동해오고 있다.

· 인스타그램 allthatherb_
　　　　　　　farmers_recipe_
· 블로그 blog.naver.com/itsherb2012
· 홈페이지 farmersrecipe.co.kr

올 댓 허브

1판 1쇄 펴냄 2018년 6월 20일
1판 3쇄 펴냄 2021년 6월 15일

지은이 박선영

주간 김현숙 | **편집** 김주희, 이나연
디자인 이현정, 전미혜
영업 백국현, 정강석 | **관리** 오유나

펴낸곳 궁리출판 | **펴낸이** 이갑수

등록 1999년 3월 29일 제300-2004-162호
주소 10881 경기도 파주시 회동길 325-12
전화 031-955-9818 | **팩스** 031-955-9848
홈페이지 www.kungree.com | **전자우편** kungree@kungree.com
페이스북 /kungreepress | **트위터** @kungreepress

ⓒ 박선영, 2018.

ISBN 978-89-5820-524-1　03520

값 23,000원